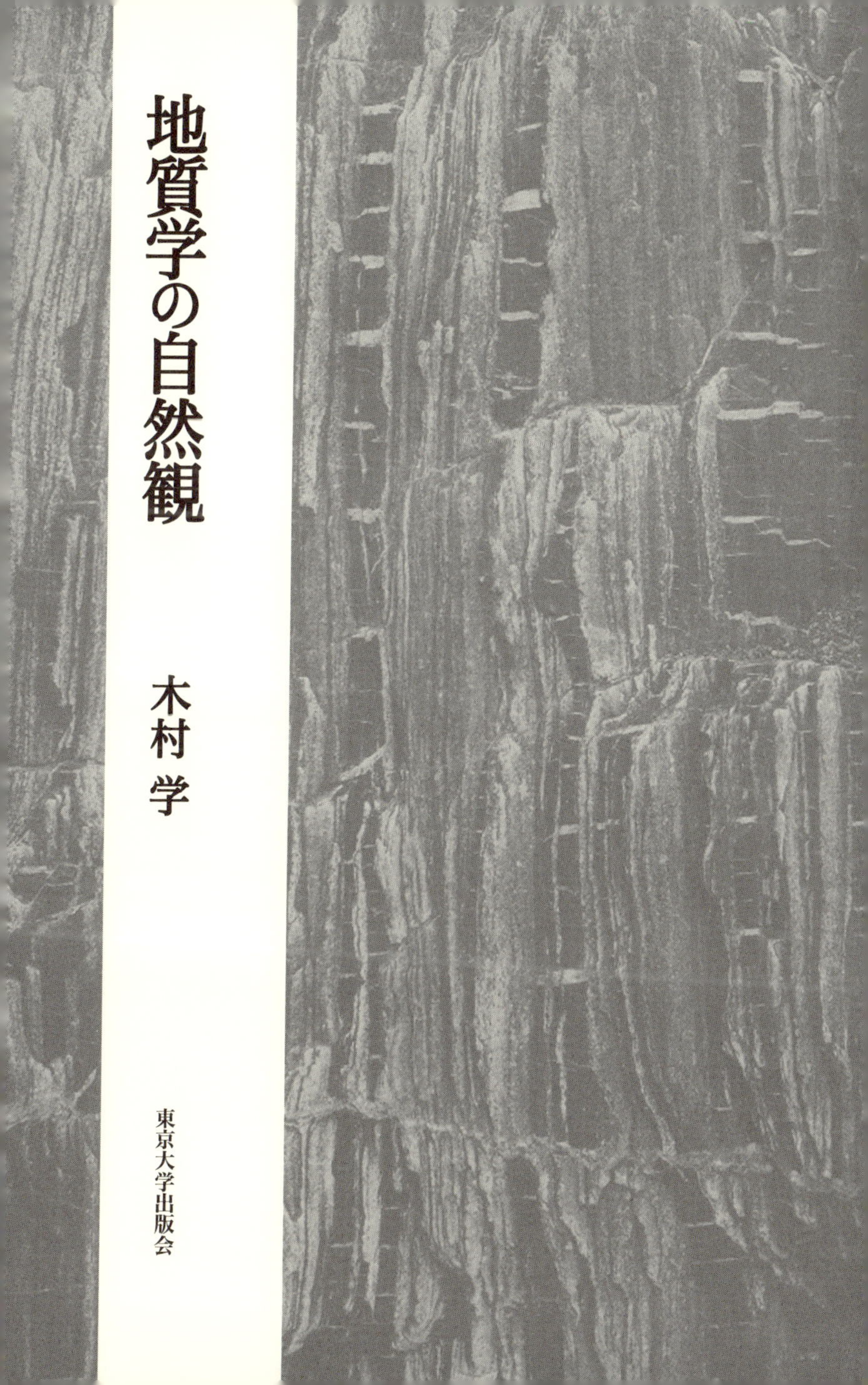

地質学の自然観

木村 学

東京大学出版会

A Geological Perspective on Nature

Gaku KIMURA

University of Tokyo Press, 2013

ISBN978-4-13-063711-4

はじめに

還暦を過ぎると、人生のまとめをしておきたいとの思いが強くなります。パソコンの中には、書き散らかした原稿が山積みです。加えて学生にそそのかされて二〇〇三年からはじめたブログにも、その時々に書いたものがあります。なにか少しでもまとまったものを記そうとなると、学生時代から三五年以上にわたり携わってきた地質学のことを記してみようとの思いが真っ先に浮かんできます。

他の科学と同様に、地質学も二〇世紀以来の大規模な変革の波にさらされてきました。世紀の変わり目の二〇〇〇年、私は東京大学において一二〇年以上にわたり続いた地質学教室の閉鎖と、地球惑星科学専攻への統合再編に遭遇しました。また、二〇〇六年からの二年間は、日本地質学会の会長を仰せつかりました。そして二〇〇七年からは、地質学会も含めて、地球科学に関わる四八の学協会が共同で創設した日本地球惑星科学連合の議長・会長も仰せつかり、その中で改めて地質学とは何かを見続けてきました。

一方で、私の研究としては、日本が世界に先駆けて建造した地球深部探査船「ちきゅう」を使った最初の掘削に関わってきました。そして、二一世紀の内に海溝型巨大地震・津波を起こす可能性がきわめて高いとされる南海トラフの研究に取り組んでいます。そこでは否応なく、古典的地質学からの脱却と、地球物理学的観測との融合が求められ続けています。そこでも「地質学とは何か？」を考え続けることとなったのです。

二〇一一年三月一一日、未曽有の悲劇を起こした東日本大震災が勃発しました。この大災害は地震学に対してのみならず、地球科学全般、そして科学全般に対する根本的問いかけ、「科学とは何か、知ることと役に立つことの関係とは何か」を突きつけることとなりました。災害から二年近くが過ぎようとする今、この問いかけの持つ意味はますます大きくなっています。当然にも、地質学とて例外ではなく、むしろその中心において改めて問われていると言えます。

本書では、これら、私の関わってきた社会とのつながり、研究、そして大災害を通して、私なりの地質学に対する考えを記してみようと思います。特にこの地質学という科学の持つ自然観とはどのようなものか、それらはどのような一般性と独自性を持つかについてです。地質学徒は、そのこだわりに対する自惚れからか、自らを「地質屋」と呼びます。またその持っている独特の「雰囲気」を揶揄して、最近では「地質オタク」などというかもしれません。あるいは地質学という名前に古さを感じ、自らの専門の基礎が地質学であるにも関わらず、胸を張ってそれを言わない傾向があるかもしれません。それらの心情の背景にあるものを少し掘り下げてみようと思うのです。

地球のことを「知る」ための科学としての地質学は、「老舗地球科学」ともいえる長い歴史を持つ分野ですが、老舗が古い装いのままでは、見捨てられてしまいます。その中の絶対捨ててはならないものと、未来に向けて衣替えをすれば一層輝くものを、きちんと整理しておきたいと思うのです。次世代がそれを踏み越えていくことに本書が役に立てば、著者の大きな喜びです。

木村　学

地質学の自然観■目次

第一章　古典地質学の方法

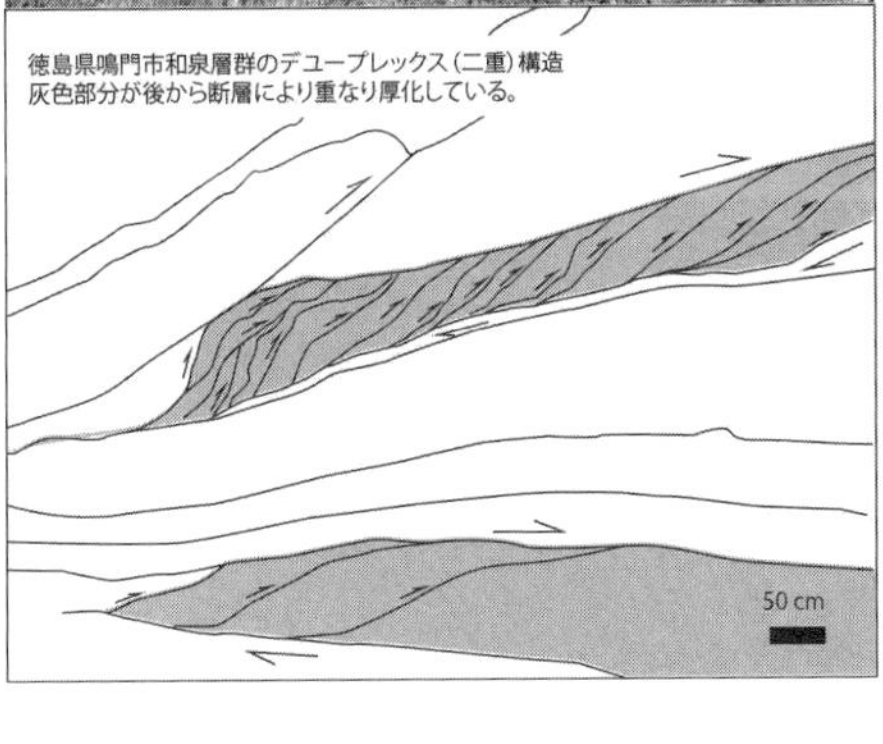

徳島県鳴門市和泉層群のデュープレックス（二重）構造
灰色部分が後から断層により重なり厚化している。

地質学とはどのような科学か。最初にそこからはじめることにしましょう。「地」とは、地球とか地面など、足下の大地の「地」のことです。「質」とは、そこがどのような「もの」や「状態」からなっているのか、またその成り立ちの原因などを指します。

英語では地質学のことをGeology（ジオロジー）と言います。Geo-とはよく耳にしますが、ラテン語で地球のことです。-logyとは学問とか科学のことですから、この言葉が作られたときには、「地球のことを調べる学問」のことを意味したのでしょう。この言葉が生まれたのは、近代科学のはじまった一八世紀のことだと言われています。

一九世紀後半、明治維新（一八六八年）の後、日本は西洋の科学の輸入によって国の急速な近代化を計ります。大地の下には大量の資源が眠っており、その開発は国の成り立ちの基礎をなすことでしたので、Geologyという学問の輸入は急務でした。その輸入の過程でGeologyを地質学と訳したのです。なぜ地球学とか地球科学と訳さなかったのか、今から見ると気になることですが、当時のGeologyは、主に大地を構成する岩石について研究する学問だったので、大地の質に関わる学問という中身重視の命名であったのでしょう。なかなかすばらしい命名であったと私は思います。地球は、表面の大気や海の流体そして土壌を取り除くと、岩石からなることは誰にでもわかることです。その岩石の成り立ちを知ることが、地球を知ることに大きくつながると理解されたのでしょう。ですから「地球を知りたい」という大きな目標への第一歩として、「大地の岩石」を調べる学問＝地質学と位置づけたのでしょう。

地質学とはこのように長い歴史を持つ学問で、いわば「老舗」の地球科学というべきものです。長い歴史を持つ商店のように、老舗というものは、往々にして急速な発展についていけなくなり、滅びてしまう場合が多いものです。しかし、一方で、急速な発展が頓挫したとき、あるいは失敗したときに、細々と営業を続けていた老舗が見直され、装いも新たによみがえり、新たな未来へとつながることの多いことも事実です。私は、地質学という老舗地球科学は、今そのようなときにあると思っています。そのことを、一歩ずつ、記していきましょう。

三種類の岩石

石は、私たちの生活の中で大変身近なものです。子供の頃、河原や海辺で、白や黒や灰色の石、赤や緑の石、丸い石、平たい石、尖った石、それらを手にして不思議に思った経験は誰にでもあるのではないでしょうか。大人になると、庭に置かれた大きな石（それを岩といいますね）を見て、自然に風化した岩と風景の調和に心の安らぎを覚える方も多いでしょう。日本庭園の枯山水や中国庭園に、岩は欠かすことのできない存在です。また、コンクリートで作られた建物よりも自然の岩石を用いた建物の方が威厳を感じられ、かつ長持ちもします。これらの石の中に地球の秘密が隠されているのです。

石の謎を解いて地球の生い立ちを探ろうという研究の流れは、今やその対象が地球にとどまらず、より広がりました。空から流れ星として降ってくる隕石を調べて、星の謎、宇宙の謎を解き明かす研究は盛んに行われていますし、二〇一〇年、日本中に話題を振りまいた「はやぶさ」は遠い宇宙の彼方の小惑星「イトカワ」から砂粒を持ち帰り、太陽系の成り立ちについての貴重な情報をもたらしました。人間が最初に月にでかけて、そこから月の岩石を持ち帰ったのは、今からもう四四年も前の一九六九年のことです。隕石や月の岩石は、地球や月が今から四六億年も前の、気の遠くなるような大昔にできたことを教えてくれたのです。

岩石は、目を近づけ虫眼鏡で拡大してみると、小さな粒からなることがわかります。のっぺりとしていて虫眼鏡でも粒が見えないような石もありますが、その石を薄切りにして顕微鏡で覗くと、やはり小さな粒からなっています。それらのほとんどは、小さな結晶（鉱物）です。その結晶に色があるので、それが石全体を白や黒にしたり、あるいは赤や緑というきれいな色にしています。

人は岩石の色や形に魅せられますが、この粒々の集まり方と成り立ちの関係に注目して、岩石は大きく三つの種類に分けることができます。

第一の種類は火成岩と言います。日本人にとっておなじみの、火山のマグマが冷えて固まった石です。真っ赤に熔けたマグマが起源ですが、石の中に見える結晶の粒は、マグマが地下にあるうちにゆっくりと冷えたために、結晶が十分に成長しています。それに対して、火山噴火で熔けたマグマが地表に吹き出し急速に冷えると、結晶はできずにそのまま冷えて固まってしまいます。そのようなものはガラスと呼ばれ、真っ黒い色をしています。

日本で建材や墓石などに最も多く使われている石は花崗岩という火成岩で、通称御影石と呼ばれています。私が一二年間住んだ香川県には、庵治という御影石の名産地があります。白御影とか庵治石などと呼ばれる白っぽい花崗岩で特徴づけられます。それらは今から数千万年も前に、地下のマグマだまりでゆっくりと冷えて固まってできたものです。日本列島には北海道から九州まで多くの火山がありますが、その地下では今まさに花崗岩が作られていると考えられています。

第二の種類の岩石は、堆積岩です。堆積とは、砂や泥のようなものが湖や海の底に降り積もることを言います。地層はそのように降り積もってできますが、その地層が岩石になったものが堆積岩です。地層は降り積もった直後は、砂粒などの隙間が水によって占められ、その割合は五〇%を大きく超えます。しかし、厚く積もると、下の方の地層は上からの荷重により隙間の割合が減少していきます。人工の埋立地が、しばらくの間地盤沈下したり、地震のときに液状化するのは、埋めたときの土砂がまだ締まりきっていないためです。まだ固まっていない堆積物（地層）が石になるためには、隙間の割合が一〇%を切る程度までに減少しなければなりません。そのためには地層を構成する粒子が、互いにくっつき合い離れなくなる必要があります。とはいえ、パチンコ玉のような球の形をしたものを最も密に詰め切っても、隙間の割合は三〇%を切る程度にしかなりません（この計算を最初にちゃんと行ったのがあの有名なガリレオ・ガリレイでした。計算の好きな人は試してみるといいですね）。自然の砂粒がそのような球形をしていることはなく、角があり、大きさもまちまちです。ですから、そのままの状態では、隙間の割合を五〇%より減らすことは一般に大変困難なのです。

しっかりとした岩石になるためには、堆積したままでは無理なので、隙間を減らし、粒子を互いにしっかりと固着するための変化が起こらなければなりません。そのためには圧力によって粒子が変形したり、新しい結晶の沈殿によって隙間を埋めることで岩石化が進みます。

堆積岩は、砂や泥の粒子からなるものだけではなく、水に溶け込んだイオンから沈殿したものもあります。温泉で良く見かける石灰華は、温泉に溶け込んだカルシウムイオンと炭酸イオンが結合して沈殿した堆積岩です。また、海の水から沈殿した岩塩や石膏などの地層・堆積岩もあります。たとえば、今から二五億年以上前には、海の水から鉄が沈殿し、縞状鉄鉱床という地層を作りました。現在私たちが使っている鉄の重要な資源となっています。この鉄の地層は、地球上に光合成をする植物が誕生したことで、海の中にそれらが作り出した酸素が満ちあふれはじめ、その酸素が海の水に溶け込んでいる鉄イオンと結合し、沈殿したことによってできました。つまり、縞状鉄鉱床は、この地球上の生命の産物といえます。

水溶液から沈殿した堆積岩の仲間には、海底で吹き出る、温度が三〇〇度に近い熱水から沈殿したものもあります。温度が高い熱水は地下で岩石の割れ目を流れるときに、周りの岩石から大量の金属元素を溶かし込みます。それらが海底に噴出すると、急激に冷やされ（海の底の普通の温度は摂氏数度）、熱水に溶け込んでいた金属が一気に沈殿するのです。その様は、あたかも黒い煙が吹き出るように見えるので、ブラックスモーカーと呼ばれており、最近、金属資源として大変注目されているものです。

また、海の表面や海水中には、プランクトンが生きていますが、その中には放散虫や有孔虫という殻を持った動物性のプランクトンや、珪藻という植物性のプランクトンがいます。それらは死ぬとマリンスノーとなって、水中を落下して海底に降り積もります。太平洋や大西洋のような大きな海の真ん中では、陸から流れ込んだ砂や泥の粒子は届きませんが、マリンスノーが数千万年から数億年の間、降り積もります。降り積もった最初は、ふわふわの状態ですが、やがて何百メートルも堆積し、ゆっくりと石へ変化していき、チャートなどの堆積岩となります。

珊瑚礁は珊瑚という動物が殻を作ることで成長しますが、それらは炭酸カルシウム（石灰）という石です。珊瑚が死んでしまっても殻は残ります。珊瑚礁は古い珊瑚の上に、新しい珊瑚がどんどん増殖したものです。それらはやがて化石として残ることになります。そのような生物の死骸の集まりによってできた石灰岩のような堆積岩もあります。

第三の種類の岩石は、変形・変成岩です。火成岩や堆積岩として一度形成された岩石が、地下深くの高い温度・圧力の下において、大きなエネルギーを受けると、最初とはまったく違った姿の岩石に変わってしまいます。海溝は、地球上で最も深い溝ですが、海底の岩盤やその上に降り積もった堆積物は、海溝からさらに深い地下深部に持ち込まれ、まったく違った姿に変わっていきます。そのような岩石は、一度は地下深く持ち込まれるのですが、その一部は、やがて逆に押し上げられ、地表へ戻ってきます。そのような岩石が変成岩と呼ばれます。同時に強く変形もしているので、変形岩とも呼ばれます。変成岩は、最初の岩石を構成していた粒子（鉱物）が高い温度・圧力の下で、それらの温度と圧力になじむように姿を変えたものです。その過程で真っ黒であった鉱物などもカラフルな緑色や青色、赤色などの結晶へ変化します。ですから変成岩は見た目に大変美しく、庭石としても大変珍重されているのです。また、四国の大歩危小歩危峡谷や関東の長瀞、北海道の神居古潭峡谷のように、変成岩の露出した場所は美しい景勝地となっているところが多くあります。

火山の地下深くは、最初に記したように、マグマだまりがあり、それらは花崗岩などになりますが、そのマグマだまりの周りの岩石は高い温度にさらされます。そうすると周りの岩石もやはり、変成岩となります。片麻岩という縞模様のきれいな岩石などがその例です。現在の地下深くで何が起こっているのかを推定するときに、かつて地下にあったこれらの変形・変成岩が重要な手がかりを与えてくれます。

この三つの種類の岩石が基本です。隕石の中には、宇宙空間においてガスから一気に凝縮した岩石もあるようですが、地球上で作られる岩石は、上に述べた三つの種類のものからなるといってほぼ間違いないでしょう。

三つの作用

これまで述べた岩石の三つの種類に対応した三つの大地の営みがあります。火成作用、堆積作用、変形・変成作用です。

火成作用は、岩石が熔けてマグマとなり、火山として地表へ噴出したり、地中や地表で冷えて固まって再び岩石となる作用です。

堆積作用は、山など地表に露出した岩石が風雨にさらされ、崩れ、細かい粒子となり（浸食作用）、風によってあるいは川の水とともに運ばれ、やがて海に運ばれ（運搬作用）、海底に定着するまでの作用をも含んで理解されます。また先に述べたように岩石から溶け出しイオン化したものが、直接沈殿して海底に降り積もる作用もあります。そして海底に定着した堆積物は、やがて堆積岩となる過程が続きます。堆積物としての地層は、古いものを覆って新しいものが積み重なります。

変形・変成作用は、岩石の形を変えてしまう作用です。変形には岩石を曲げてしまう褶曲《しゅうきょく》作用や、割れ目を作り破壊し、その破断面に沿ってずれる断層作用、岩石を構成する粒子（鉱物）レベルで結晶構造が変わってしまう流動作用などがあります。変成作用は、岩石を構成する粒子（鉱物）の集合体が高い温度・圧力の下で、全体として異なる鉱物の集合体へ変わってしまうことです。変成作用は、変形と同時的に進行することが多く、岩石が流れたような変形の構造が残されている場合が多く見られます。

現在もこの三つの作用のそれぞれについて、その物理化学過程に関する詳しい研究が続けられています。

古典地質学の基本は順番

一八世紀に地質学が科学として成立したときに、野外に露出する岩石の露頭を見て、岩石の種類を決め、その岩石を作る作用の順番を決めることが、大地形成の歴史を知る出発点となりました。異な

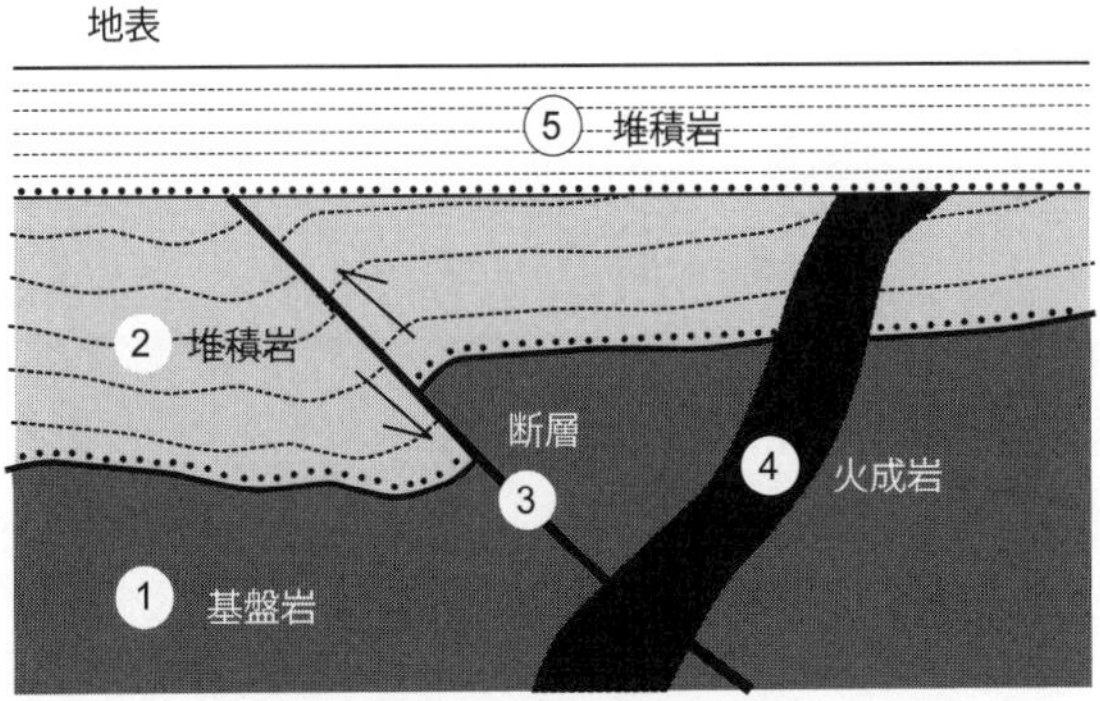

図 1-1　古典地質学の基本，岩石の積み重なりと地質事件の順序
①基盤岩（火成岩，堆積岩，変成・変形岩，なんでもあり），②堆積岩，③断層によって切られ，地層は折り曲げられる（褶曲），④マグマが貫入（火成岩），⑤最新の地層が堆積．

る岩石の種類があったときに、それらの岩石の間の関係は三種類に整理できます。

最初は、ある種類の岩石の上に地層としての岩石が降り積もる関係です。火成岩→堆積岩、変形・変成岩→堆積岩、堆積岩→堆積岩の三通りの順番がありますね。

次は、マグマが周りの岩石を貫いて貫入する関係です。これも、堆積岩→火成岩、変形・変成岩→火成岩、火成岩→火成岩の三通りの順番があります。

そして最後が、断層によって岩石が接する場合です。この断層接触の組み合わせは、堆積岩／火成岩、堆積岩／変形・変成岩、堆積岩／堆積岩、火成岩／変成・変成岩、火成岩／火成岩、変形・変成岩／変形・変成岩の六通りの関係があります。すなわち全部で一二通りの関係があることになります。

たとえば図1-1を見てみましょう。このような露頭の大きな崖があったとします。岩石の種類は、堆積岩と火成岩、それに基盤岩（①）です。岩石の積み重なりから読める作用の順番は以下の通りです。一番下に基盤岩（①）があります。これはどの種類の岩石でもありえます。それを堆積岩が覆います（②）。その堆積岩は断層によってずらされています（③）。また褶曲によって曲げられてもいます。その後にマグマが貫入しています（火成岩④）。そして最後に新しい地層が覆っています（堆積岩⑤）。

地質図の作成と解読

大地の表面に見られる岩石がどの種類の岩石かを決めて、それを地図の上に色分けした図を地質図といいます。その図からそれぞれの岩石の種類や、地層を作った順序がどうであったかを判定できるのです。その判定作業を「地質図を読む」と表現します。岩石や地層を作った、火成作用、堆積作用、変形・変成作用の順番を解き明かす作業です。

地質調査の熟練

さて、古典地質学の方法とは、以上述べたように、岩石の種類を決めて、その順序を決める、そのことに尽きるのです。方法的にはきわめて単純で、すぐにでもできそうです。しかし、ことはなかなか単純ではありません。

かつて大学の地質学教室では、学生が地質調査をし、地質図を描けるようにするために、膨大な訓練をしました。ある場所で地表ベタ一面に岩石や地層が露出していれば、それを見たまま、地図上に岩石の種類ごとに色を塗っていけばいいのです。大陸内部などで、植物など一切地面を覆うものがなく、全面露頭であれば、なんの苦労もありません。しかし、日本列島のようにほとんどの地表が深い森や草木に覆われ、河川や谷に沿ってもところどころしか岩石が露出しないような地域では、大地がどのような岩石からなるのか、地層がどのように続くか、わかりません。そのようなところは推定するしかなく、その推定の方法と、それを検証する方法を訓練によって身につける必要があるのです。

それがどのような訓練であったか、実感をもっていただくために、私の北海道での経験を記してみましょう。

石に慣れるための地質巡検

かつて野外における地質観察（それを地質巡検と呼ぶ）は、盛んに行われていました。私がいた北海道大学では、大学の単位としての巡検の他に、見学会がほとんど毎週のように頻繁に開催されたものです。見るもの、聞くもの目新しく、おまけに岩石の名前も覚えられ、化石まで手に入る。そして、その巡検を通じて、先輩や大学以外の人とも知り合いになることができる。終わった後には、必ずコンパが開かれお酒を飲む。どんどん一人前になっていくような気がしたものです。

きわめつけは、授業の一環として開かれる大旅行です。二つの大見学旅行がありました。ひとつは札幌から夕張を抜けて、襟裳岬を回り、十勝平野、根釧原野を通って根室半島の突端、納沙布岬へ達し、そして屈斜路、摩周湖を抜けて、大雪山経由で戻ってくる道東巡検。そして今ひとつは、洞爺湖、支笏湖を通り、渡島半島を函館まで行き、瀬棚、積丹半島を巡って札幌へ戻る道南巡検でした。それぞれ一週間ほどをかけて巡ります。そもそもそれまでに、中学・高校での修学旅行以外でそんな大旅行をしたことがありません。北海道生まれではあってもはじめてなのです。修学旅行と同じようにわくわくしました。

見学した地質の中身は、今振り返ってみてもあまり覚えてはいないのですが、感動したのは襟裳岬近傍の庶野の海岸に見られるミグマタイトという変成岩や、根室半島花咲の「車石」という枕状溶岩です。故八木健三先生が、得意げに、それらが葦などの繁る湿地帯に溶岩として流れたと説明されたのにには妙に感動したものでした。また、屈斜路湖近くの硫黄山でも、それまで活火山といえば小学校の修学旅行で出かけた「昭和新山」の印象しかなかったのですが、よりスケールが大きく間近にせまる火山に感動したものです。

帰りの途中に大雪山の温泉に宿泊したときのことです。目の前で八木先生がスケッチブックを取り出し、みるみる見事な絵を描くのです。人の姿は少々漫画的ではあるのですが、一瞬にして書き上げたのにには一層感動しました。「そうか、こうやって自然そのものを楽しむのだ」と。それ以来、私も子供の頃から絵を描くことは好きでしたので、しばらくはスケッチブックを持ち歩き、絵を描いて悦に入っていました。いつしか忙しさに負けて描かなくなってしまいましたが、古い地質屋には、今でもスケッチを描く人が多いのです。後に友人となったフランスのジョリベ氏も驚くほどの絵のうまさで、フィールドノートに山を描き、そこに地層や岩石を入れ込むのです。私も最近またスケッチを復活し、楽しんでいます。

地質図作成の集中特訓

瞬く間に一年近くが過ぎ、三年生の夏休みが近づいてきました。半年も毎週巡検を続けていると、おおかた石の名前や見方が身についてきます。地質学の学習には夏休みはありません。むしろ、夏休みこそ集中訓練のときとばかり、本格的に地質図を描く実習があるのです。最低一カ月以上、フィールドに入り、調査をし、地質図を仕上げなければなりません。それも以前に地質図のきちんとできているところは訓練にはならないというので、それまでに人の歩いていないところが選ばれるのです。実はそれら学生が実習で調べたところを、後から国の地質調査所や北海道開発局、北海道庁の地下資源調査所（現在の北海道地質研究所）のプロがさらに歩いて、公的な地質図作成が行われていました。日本列島の中で北海道だけが五万分の一の地質図が完成していますが、そこには多くの学生たちが歩いた足跡が残されているのです。

私たちの場合、北海道南部、渡島半島の黒松内低地帯の西側の山が選ばれました。以前は、この実習は、すべて一人で地質の調査をしたということでしたが、私たちは二人一組で調査にあたることとなりました。長期にわたって調査をするので、現地に宿泊するところを見つけなければなりません。その宿探しも実習のうち。指導する先生や教室が手配してくれるわけではないのです。

私たちは事前に調べることもなく、いきなり黒松内の駅に降り立ちました。ちょっと裏寂れた駅前に、古ぼけてはいますが一軒の旅館が目に飛び込んできました。「聞いてみるか?」とパートナーのY君と目配せし、訪ねました。

着物に割烹着を着たおばあさんに、学生であること、実習なので長く泊まりたいこと、お金がないこと、などを説明すると、ほとんど食事代だけで泊めてくれるというのです。「ラッキー!」

ちなみに、これらの実習に関わる経費は必修科目であるにもかかわらず、すべて自前です。大学からは一切出ません。授業料に加えて、支出しなければならないのです。そのことの不合理性を何度も教授たちに言いましたが、ない袖は振れない、でも技術は身につけなければならない、のジレンマです。そのようなこともあって、今では、地質の長期にわたる実習は、日本の大学からほとんど消えてしまったのではないでしょうか。

その宿から毎日、フィールドへ通うこととなりました。現場までの足はバイク。実習では足が必要なので、すでに原付の免許を取り、破格のおんぼろ中古バイクを買って現地へ出掛けていたのです。

その宿には、ちょっと変わった娘さんがいました。私たちよりは年上のちょっと厚化粧のお姉さんです。油絵を趣味としていましたが、絵を描く費用を捻出するために、豚を飼っているのです。毎日、豚の飼料を確保するために彼女は街で残飯を集めていました。とても頑張り屋の人でした。

さて、フィールドの調査は、どのように行うのでしょうか。まず、地層の露出している沢のようなところを歩いて地層や岩石を区別し、クリノメータで地層面など計れるものはすべて計り、そしてフィールドノートに記入する。隣の沢を歩いて、それを地図の上で幾何学的に説明できるようにつなぐ。

図 1-2　大学 3 年生のときの地質実習（黒松内低地賀老川にて，1973 年山村恒夫氏撮影による著者）

そしてその次の第三の沢に出ている地層や岩石を予想するのです。それを基に実際に調査をして検証する。幾何学的な整合性をチェックする。断面を考える。そして、地質現象（堆積、断層、マグマの貫入や噴出）の順序を組み立てる作業を行います。指定された調査の範囲で、その全貌が明らかになるまで調べ続けなければなりません（図1-2）。調査が進むと徐々に全貌が見えてくるのですが、最初は「きつい、きたない、暗い」の３Ｋの実習です。

大自然の懐の中で

いよいよ調査が大詰めに近づいたある日、私たちは五キロメートル以上ある沢を最後までつめることにしました。道はありません。行きも帰りも沢を歩かなければなりません。滝が何段かありますす。どの程度の時間を要するかわからないのです。単に歩くだけなら片道は二時間程度のものでしょうが、調査をし、記録を取りながらのぼりつめていくのです。朝早く出ることにしました。地図を見、現在の位置を確かめながら、ひたすら調査を続けます。休む暇はありません。そして、ついに沢の一番奥までたどり着きました。

「やった！」という達成感とともに、時計を見ると、すでに午後四時半。六時には日没です。

「これはまずい！　帰りは真っ暗になるぞ！」

「夕方になると熊も出没する！　急ごう」

休むのもそこそこに、調査道具をすべてリュックに詰め込み、地下足袋の足下を整理し、走るように沢を下りはじめました。調査地一帯は、ヒグマが棲息しているところであり、「熊の沢」などという名前のついたところもあります。北海道の道なき沢を調査するときの最大の恐怖は、ヒグマとの遭遇です。そのためにさまざまな知恵は教えられているのですが…。

「向かい風には気をつけろ。追い風は大丈夫だ。タバコなどにおいのきつい風を先に送るとよい」

「よし、私は高校三年のときからタバコは吸っている。任せろ！」

「音を出すものを持っていけ。そして、一生懸命石をたたけ！」

鈴を用意しました。調査中は、石もよくたたきました。しかし、帰り道はただひたすら歩くだけです。恐怖が増幅していきました。

「見通しの悪い曲がり角には気をつけろ。先に音を出して警鐘を出し、相手に知らせてやれ。鉢合わせが最悪だ」

「夕方は気をつけろ。熊は夜行性だ。夕方から動きはじめる」

「むむむー」

それらをすべて胸に刻んで、沢を下っていきます。採集したサンプルの岩石が肩に食い込みます。

「行くぞ！」

途中で暗くなりはじめました。ガザガサという音にもおののきながら、ひたすら歩きます。黒い大きな影があると、ぎょっとして立ち止まります。

「おい、あれはなんだ？　ひょっとすると…」

「枯れたフキの葉じゃないか！　あはははは、臆病者！」

ついにとっぷりと日が暮れて、足下も見えなくなってしまいました。

幸いにも事故に備えて、懐中電灯を携行していました。そんなものを使う場面があるとは予想もしていませんでしたが、これが役に立ったのです。水が流れ、岩がゴツゴツとむき出しになっている沢を手探りで歩くなどできません。深みもあり、滝もあります。走るとは行かないまでも、なんとか出口に近づきました。

最後の難関は滝下りです。そこを過ぎれば出口は近い。調査の最中に、滝壺にいるイワナ釣りで楽しませてくれた場所でしたが、今度ばかりは別。「イワナの霊よ。恨みを返してくれるなよ」と願いつつ、慎重に下りました。

月が出はじめ、あたりが少し明るくなりはじめています。

「もう、安心だ！」

「出た！」

時計を見ると、すでに午後八時を過ぎているではありませんか。一心不乱で時計を見ることもしていなかったのです。

さて、沢から黒松内の平地へ抜けると、向こうに明かりがちらちらと見えるではありませんか。何やら叫んでいる。聞き耳を立てると私たちの名を呼んでいるのです！　駆け寄ると、町の消防団の人がたくさんいる。そしてその中にいた、宿の絵描きのお姉さんに一喝されました。

「何をしていたの！　皆を心配させて！　どのあたりに行くか聞いていたから良かったものの、事故か熊か、心配していたんですよ！　街では大騒ぎだった…帰りは何時頃になるかくらい、知らせておきなさい！」

こんなにことが大きくなるなんて。私たちはシュンとするしかありませんでした。

朝の食事のとき、おかみさんがいつも「今日はどこへ行くの？」と聞いていたのには、訳があったのです。いざというときに備えてくれていたのです。私たちは気軽に、大きなイワナを釣ったときには、「お土産」として持って帰り、それを翌日のお弁当のおかずにしてもらったりなどを繰り返し、徐々に宿の方たちに親しみを増していたのですが、この事件があって、一層親しみ深くなることとなりました。待つ人のいるところへ帰るというのは楽しいものです。

地質実習の成果

実習では、ある程度進んだ段階で指導教員が見にきます。私たちのときには、勝井義雄先生と北海道立地下資源調査所（現在の北海道地質研究所）の山岸宏光氏が来てくれました。山岸さんとは、積丹半島の巡検のときに、枕状溶岩の見方を教えていただき、大いに感動していました。そのときのおかげで、調査地域の中に枕状溶岩があると報告することができたのです。早速、そこへ行ってみようということになりました。勝井先生にはスケッチをほめていただき、枕状溶岩は「正解！」、そして、丁寧にスケッチに手をいれていただいたのです。観察が正しく、そのことをほめられるのはうれしいものです。他にもさまざまな海底火山活動によるものが多くあることがわかり、大興奮でした。

おまけに夜も楽しいことが起こりました。泊まっている宿で、絵を描くお姉さんを交えて飲み会がはじまったのです。山岸さんは、語学が大好きで、今スペイン語をラジオ講座で勉強中だとのこと、そして女性がいることもあり、大乗り気、アカペラで「ベサメムーチョ」を歌いだしました。それ以来、山岸さんと一緒になると、その場面を思い出し、カラオケ時代となっても彼にその歌をリクエストしてしまいます。

ちなみに山岸さんは、海底火山活動の産物に関しては日本での第一人者となり、その後地すべり関係でも国際会議を幾度も開き、新潟大学の積雪災害センターの教授として活躍されました。定年後も愛媛大学に移られて活躍中です。

勝井先生は、北海道大学の岩石学講座を主催され、日本の火山の研究をリードし続けられました。

また、私は後に学位を取るときに勝井先生にはひとかたならぬお世話にもなりました。地質図が仕上がるまでは、札幌へ帰ってきてはいけないという勝井先生の指導方針を守り、フィールドで完成させました。以後、私は幾枚かの地質図を描きましたが、このときの教え通り、それらをフィールドで終わらせることを徹底しています。当たり前のようですが、空間的な配置や、幾何学的に整合性がないままに研究室へ未完成な地質図を持って帰っても、決して完成しないのです。図を描きながら調査方針を決め、解いていくというフィードバックの作業が現地で必要だからです。そのために、必要ならば決死の覚悟で露頭を探しまわらなければならないのが地質調査なのです。

今一度、古典地質学とは

このような長時間を費やす実習訓練は、先ほどふれたように、現在ではほとんどの大学教育から消えました。学ばなければならないことの増大、実習経費の負担など、それにはさまざまな理由があるでしょう。当時はなぜ、今では信じられないような訓練をしたのでしょうか。

繰り返しですが、古典的な地質学の重要な方法は、野外で実際に岩石や地層を観察して、過去に起こった事象の順番を決めるということです。地層ならば下から上へ順番に積もる。マグマならば貫入したものが後で、貫入されたものが先にある。断層や地層が折れ曲がる褶曲ならば、切られたり曲げられたりしている岩石を作る作用が先にあり、断層や褶曲という変形は後、というわけです。この堆積作用、火成作用、変形・変成という三つの事象の順番を岩石や地層の中に明らかにすることから地質学ははじまるのです。

日本は一九世紀後半の明治維新以後、この方法を輸入し、急いで日本列島の地質を記述するという作業を続けました。資源開発、土木事業などにおいて、まだまだ需要のあることを反映して、このような実習が必要とされたのでした。また、日本列島という大地はどのくらいの時間をかけて、どのようにできたのであろうかという問いへも、地質調査抜きには答えようがなかったのですから、実用的な面だけでなく、基礎研究の上でも欠くべからざる訓練であったのです。

今では研究者は日本だけではなく、世界各地に出かけ、調査をします。陸上のみならず海でも、掘削や潜航によって地質の調査をしますが、その基本は変わりません。事象の順番を決めることは基本中の基本です。それを明らかにした上で、事象の起こったとき、ところ、継続時間、速度などを定量的に明らかにし、因果関係を解くために、さまざまな物理化学的分析を施すのです。

「実証的研究」ということをよく言いますが、実証とは、理論やモデルの整合性を取りつつも、想像の形而上的世界ではなく、それらの検証対象として、過去に（現在進行形はもちろんのこと）地球に実際に起こったリアルワールドを用いよということです。そのリアルワールドに常に帰れ、ということです。その意味で、地質学的実体は、地球全歴史のリアルワールドそのものなのです。地球科学の研究手法は非常に多岐にわたり発展し、より総合的となりましたが、この古典的方法の意義はなくなることはないでしょう。

第二章　歴史科学としての地質学

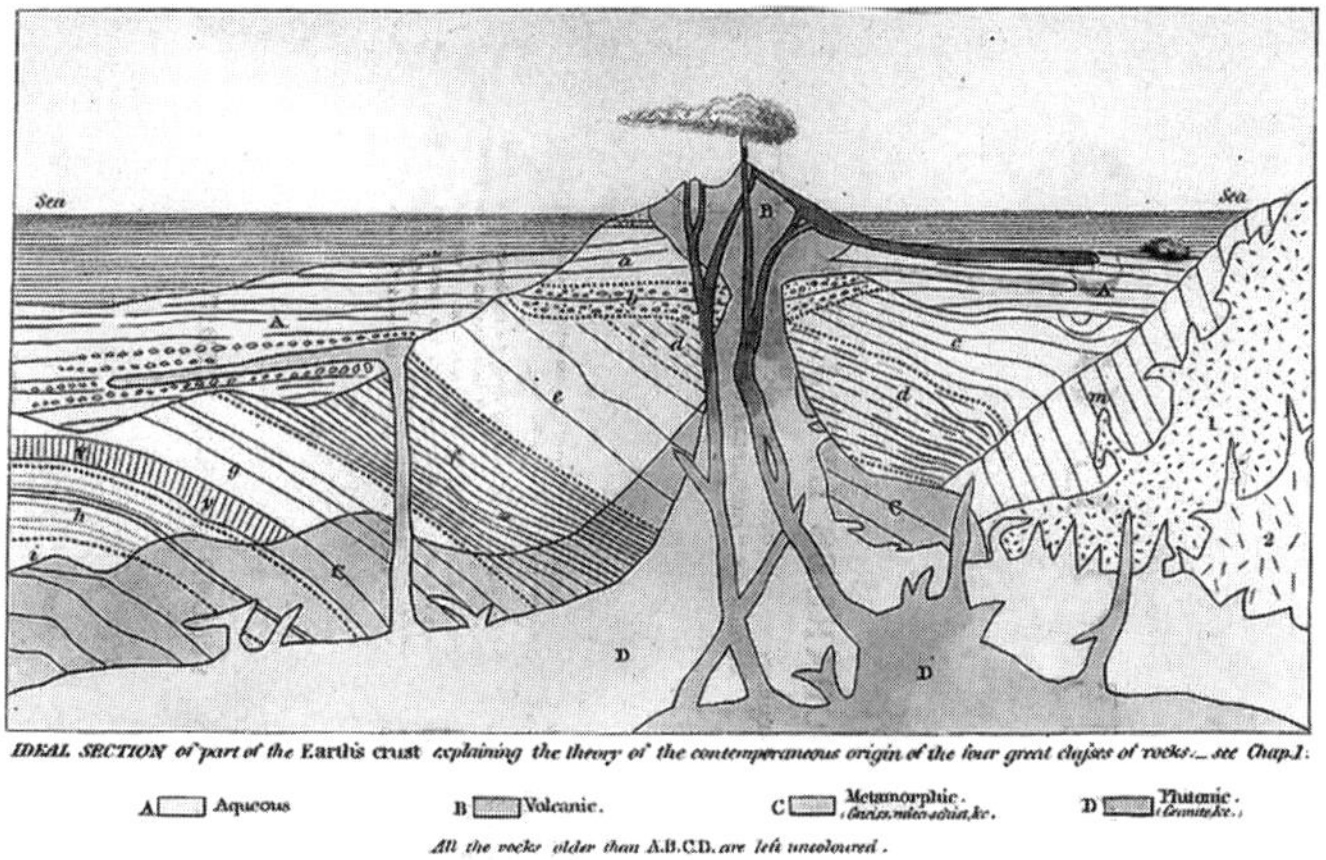

ライエル『地質学原理』第2版（1958）より，地層・岩石の順番を示す口絵
(http://ja.wikipedia.org/wiki/チャールズ・ライエル)

古典地質学の方法は、岩石や地層の中の順番を決めることだと記しました。この順番についての膨大な博物学的記述から帰納して、地質学は地球の誕生からこれまでにいたる歴史をその主な研究対象としてきました。帰納とは、膨大な森羅万象を整理して、そこに規則性を見いだし、その因果関係を説明するための仮説を抽出する作業過程のことです。地質学が「歴史科学である」ということをよく耳にするのはこのためです。ゴーギャンの絵のタイトルにも記された「私たちは何者か?どこからきて、どこへ行くのか?」という、人間の発する根底的問いかけに対して、「私たち」という主語を「私たちの住む地球」と置き換え、その「どこからきて?」という問いに答えようという科学の重要な一翼を、地質学は担ってきたのです。

人間の歴史と歴史学とは何か

そもそも、歴史とは何か、それを研究対象とする歴史学とは何か、というところから考えてみましょう。歴史学とは過去の事件の研究をする学問です。現在という瞬間はすぐに過去に組み入れられていきます。かつてのケンブリッジの歴史学教授、E・H・カーの記したベストセラー『歴史とは何か[1]』の言葉を借りてみましょう。そこには、歴史学とは「ある事件の原因を明らかにし、そこから未来へ役に立つ普遍的な教訓を引き出す事だ」と記してあります。そして、自然の歴史は、自然の中に記録されたある事件を取り出し、その原因を説くことだと定義しています。歴史とは、一般的認識としては過去に起こった事象の時系列的羅列ですが、歴史学はそうではないのですね。

私は人間の歴史が大好きなので、暇を見つけては歴史の本を読むのが趣味です。日本古代史ブームということで、最近はさまざまな本が出されているようです。とても全部は読み切れません。しかし、単に趣味だというだけではなく、地球の歴史研究と何が異なるかということが、いつも頭の隅にあります。

たとえば日本の歴史では、この国の形を作る上で、六七二年の「壬申の乱」[2]は大きな事件であったと教えられています。昔、高校時代に習ったことは、「壬申の乱」とは、天智天皇の子・大友皇子に対し、天智天皇の弟・大海人皇子が地方豪族を味方につけて反旗をひるがえし、大海人皇子が勝利し、やがて天武天皇となるという内乱です。この事件の原因を探るというのが歴史学です。が、それはなかなかむずかしいことです。大海人皇子側から見ると、弟たる自分が天皇になる順番のはずだったのに、天智天皇は、自分の子供かわいさに後継指名を強引に押し付けようとしたとも受け取れます。いやいや、そもそも大海人の側が強引に権力を奪取したのだとの説明も成り立ちます。最後の直接的な原因のところに「人間の心の問題」が入り込むのですが、それらを記した史料はないわけですから、永遠に謎の中にあります。

このような直接的原因となる心の問題から離れて、その原因を、当時の権力を巡る社会背景から説明しようという見方もあります。百済をはじめ朝鮮半島から大量の渡来人が来日し、蘇我氏支配ができあがる飛鳥時代。この時代は初代女性天皇の推古天皇や聖徳太子に代表されるように、仏教や法制度が伝来し定着したときでもあります。この国の形ができるはじまりです。朝鮮半島における高句麗・新羅・百済三国の争乱から、百済の滅亡、大量難民の渡来（あるいは新天地を倭に求めた）も加わります。そして中国では随から唐へと王朝が変わります。そのような東アジア国際情勢の中で、いかにこの島国の安定を計るかという政治テーマが、壬申の乱の時代背景としてあったのです。何が原因となり、壬申の乱事件が起きたのか、個別的・直接的な人間の因果関係は謎のままです。しかし、そのような大きな時代の枠組みの中で大局的因果関係がわかればよく、個別的な人間関係は謎のままでいい、物語のままでいいとする立場があるのです。

歴史は、後の時代から見て都合の良いように物語として作られることがしばしばあります。「壬申の乱」を勝利した側から記録したのが、日本の最初の歴史記録「日本書紀」やその他の書物です。そこからだけ見ていては因果関係は見えないのが歴史研究の面白さであり、重要なところでもあるわけです。

倫理や道徳など人間関係に対する見方は時代とともに変わります。壬申の乱前後の歴史に対する、天皇に関わる第二次大戦前の歴史学のタブーを超えて、いま日本の古代史は、仮説と物語が百花繚乱の様相を呈しているように見えます。しかし、個別の事件に関する限り、人間の心まで踏み込んだ直接原因たる「真実」と呼べるものに到達できるようには私には思えません。すなわち「物語」の域を脱するのは、はなはだ困難のように見えます。人間の心の原因に対する見方は、歴史学の変遷、時代とともに変わるのです。そこが自然の歴史と違うところだと思います。

考古学という学問も、人間の歴史を扱います。歴史学と違う点は、記された記録がなく、人間の遺物などを主な材料として扱うというところです。日本の歴史では、弥生時代とか縄文時代はもっぱら考古学の対象です。ただ弥生時代は大陸に記された記録があるので、歴史学と考古学の融合の様相を呈しています。

考古学の比重が俄然大きくなるのが、文字を持たなかった人々の歴史復元です。私は、北海道生まれの北海道育ちなので、原日本人につながるアイヌの人々や、さらに昔の歴史に大変興味があります。最近は、それらの研究も大変進んでおり、弥生時代から平安時代にいたるオホーツク人の存在や、北海道からシベリアにいたる人々の歴史復元は、これまでの常識を一新しているようです[3]。

考古学の場合は、化石や遺物しか残っていませんから、さまざまな事象の推定に自然科学的方法が、歴史学に比べて多く採用されます。放射性年代測定、遺物の化学的分析、化石人骨に残る骨髄のDNA分析などです。しかし、時代決定の精度として、とても歴史学のように年月日まで解明することはできません。放射性同位体測定などには最低でも数%程度の測定誤差がつきまとうからです。そして、ある事件(たとえば北海道のオホーツク人の到来と消滅)の原因を探ろうとするとき、その原因のうちの「人間の個別の心」に起因する直接的原因ももちろん認知不能です。最後のオホーツク人がいなくなったのは何月何日で、どこで、なぜ、などを知るのは不可能ということです。その事件の大きな背景に対する物語(仮説)までが、何とか検討対象の限界となっているように見えます。

人間の歴史学と自然の歴史学

一方、宇宙の歴史、地球の歴史、生命の歴史などの自然の歴史は、自然の法則すなわち物理や化学や生命の進化の法則によって支配され、人間の心のようなものが入り込みません。だから人間の歴史学とは違うものであるとカー氏の著作には記してあります。

歴史学とは、過去において起こった事件、とくにその前と後に大きな変化を及ぼすような事件に注目し、その原因を探る学問と定義すれば、まさに地球の歴史を探る地質学は、歴史学そのものであると言えます。ただし、歴史的事件の原因となる物理化学法則に関する研究が、日進月歩であることを忘れてはいけません。物理化学が発展するに従って、地質学における歴史的事件の原因に関する研究も深まります。今まであまり注目されていなかった重要な原因が浮上することもあります。

人間の歴史、自然の歴史には、それを貫く共通の法則があるという見方は、一九世紀後半から二〇世紀初頭、ロシア革命をもたらしたマルクス主義の史的唯物論によって一世を風靡しました。エンゲルスは、「歴史における究極の規定要因は、直接的な生命の生産と再生産である」[4]と述べました。つまり「食うか食われるか、子孫をいかに残すか」ということです。そしてその究極の要因はお金の問題、経済の問題につながると見たのです。歴史学から個別の人間の「心の原因」を排除し、経済と社会の関係を理解すべきとしたのですね。人間社会は搾取する側とされる階級に分かれる。その矛盾が社会を変えてきたし、これからも変わる、このように歴史の中に「経済」という原因と「革命」という結果をとらえるのが、自然科学と同じ科学的見方であるということです。そして、歴史は進歩すると言ったのです。また、革命によって歴史を意識的に変えようとしました。

しかし、革命とは、虐げられた人たちの「恨み」の集団爆発であるという「心の問題」という側面が大きいのではないでしょうか。「恨み」を晴らした後にどうすればいいのか、その設計のところがうまくいかなかったように見えてしまうのです。革命のとらえ方としては単純化していると社会学者からは叱られてしまいそうですが、私の素朴な感想です。

このマルクス主義の説明は、二〇世紀、一定の説得力を持って広がりました。歴史「科学」という場合は、このマルクス主義の「歴史観」をイメージしてとらえられるようになり、歴史における「進歩」とか「進化」と言う場合、このマルクス・エンゲルスの言う歴史科学、と結びつけることが多かったのです。

マルクス主義では、発展・進歩を貫くのは、「量から質への転換法則」「矛盾の法則」「対立物の統一の法則」という三つの「法則」であるとしました。すでにヘーゲルの弁証法として知られていたものを人間の歴史、そして社会変革へ適用したものでした。自然科学者から見ると、数式として表されていないものを法則と呼ぶことはわかりづらく、奇異な感じを持つかもしれません。

しかし、社会の革命をめざすマルクス主義の濃厚な政治的色彩は、二〇世紀の人類を未曽有の対立へ導く要因のひとつとなりました。人類史上になかった膨大な悲劇も生み出されました。

これらの時代は過ぎましたが、人類は今、世界人口の大爆発に伴う、これまでにない危機に直面しています。いま再び、人間の歴史を包含した歴史における共通の法則を見つけようという願いは、複雑系の科学における「歴史の方程式（法則）」を解き明かそうという試みとして、活発に展開されています[5]。カオス、フラクタル、アトラクター、自己組織化、非線形、臨界、創発などの概念で、自然や人間社会をも含めた全世界を包括的にとらえようというのです。人間未来の世界設計は人間の歴史をも強く意識して活発な議論がなされていますが、これらが明るい未来を描くのでしょうか。

地球の歴史を新しい視点で描く研究に取り組むことは、まさに科学のフロントに位置づけられるでしょう。このことを本書でもじっくりと見つめてみたいと思います。

時間とは？

さて、歴史の研究においては、時間というものに対する認識が大変大事です。「時間とは何か？」と問われたときにどのように答えたらいいでしょうか。また「時間は流れるとはどういうことか？」と問われたときにどう答えたらいいでしょうか。

この問いは自然を理解するときにきわめて本質的です。アリストテレスの時間、ニュートンの時間、アインシュタインの時間、そして現代物理学における「時間とは何か」に対する認識。問いかけは今も続いています。

アリストテレスはその著作『自然学』の中で、時間とは運動や変化が起きてはじめて認識できるものであり、運動や変化がなければ時間もない、と記したといいます。なるほど、その通りです。朝も昼もなく、あたりの風景も変わらず、自分の心臓の鼓動も何もなければ、時間を認識することもできないのです。

アリストテレスの時間の定義から一七〇〇年も後のニュートンは、そのような変化の認識とは関係なく、認識の外で一定の速さで過去から未来へ向かって流れる「絶対的な時間」があるとして、彼の力学を組み立てました。

しかし、そのような「絶対的な時間」などなく、空間とともに時間すら相対的であり、伸びたり縮んだりすることは、アインシュタインにより指摘され、観測実験により証明されました。今では、時計合わせは、この相対論効果も考慮にいれてなされていることが良く知られています。そして、ついに時間にも空間にも、すなわち物理学そのものにもはじまりがあるとの認識にまでいたっているのが現代物理学です。

時間の流れ

また、「時間の流れとは何か?」に関してはどうでしょうか。過去から現在、そして未来へと一方向に流れる時間がある、というのは私たちの生活感覚では常識です。

科学において、そのことを明快に示したのは、ボルツマンによるエントロピー増大の法則です。全宇宙のエントロピーは決して減ることはなく、それが時間とともに進行する森羅万象の根底にあるというのです。この法則が自然の歴史における不可逆な過程を決めています。エントロピーとは、乱雑さの状態を数値で表したものです。しかし、自然には乱雑さが一方的に増えていく現象ばかりであるようには見えず、高度の秩序がある（低いエントロピーの）状態が形成されることも多々あるように見えます。そのような高い秩序はエネルギーや物質が絶え間なく流れる開放系の中の限られた時空間でのみ起こると理解されています。「進化」という言葉で表されるように、時間とともに高度な秩序が形成されていく不可逆過程を支配する自然の法則が集約されるはずなのです。自然における歴史学とは、この進化過程を科学として描き出せるかどうかなのです。

歴史は、実験的に再現不可能であるから、物理や化学とは違う、という誤った議論がありましたが、そうではありません。過去に起こった不可逆過程を、科学の言葉によってきちんと描き出すことができるかが大事なことなのです。

地球の歴史は、このような自然全体を支配する法則の中で、地球という惑星に起こっている具体的な現象です。しかしそれが、ただひとつ、太陽系の一惑星である地球においてのみではなく、太陽系内、そして最近続々と発見されている太陽系以外の惑星系の歴史や進化とどのような共通性があるのかは、大変興味をそそられるところです。

時間とは、その二

時間の理解と言えば、ニュートンの絶対的時間からアインシュタインの相対的時間への二〇世紀初頭の大転換を挙げるのが科学の常道ですが、少し違った見方をしてみましょう。

動物には、とてつもなく寿命の長いものがいます。たとえばカメは、「鶴は千年、亀は万年」と、長寿の象徴のように言われてきました。ダーウィンが一九三五年、ビーグル号でガラパゴス島から連れて帰ったメスのゾウガメ、ハリエットは、二〇〇六年に残念ながら亡くなってしまいましたが、推定年齢一七六歳でした。ゾウも大変寿命が長いことで知られています。一方、私はイヌのペットを飼っていますが、イヌは頑張ってもその寿命は一五年程度ですね。小さなネズミはもっと短い一生です。昆虫などは一年も寿命のないものがザラです。このような短い一生を人間は哀れに感ずるものですが、彼らはその短い一生を満足しているのでしょうか。また寿命の長い動物は、より幸せだと感じているのでしょうか。

寿命の短い動物は、一般に、より瞬間的行動に優れていて、神業とも思える能力を発揮します。わが家のペットも一日のほとんどは寝ていますが、「ご主人様」が帰ってきたときと、散歩のときは全力で動き回り、エネルギーを使い果たしているように見えます。このような観察を基にして、寿命の短い動物は時間の感覚が鋭く、あたかも周りの景色や動きを、スローモーション、すなわち高速度カメラで見るように判断できるのではないか、それに対し、寿命の長い動物は一般に動きが遅く、あたかも速いコマ送りの画像のように周りの景色や動きを感じるような時間感覚なのではないかという学説があります。それは心臓の鼓動すなわち心拍数とよい相関にあるとの説もあります[6]。すなわち、人間から見て寿命の短い動物も、感じている時間の長さは同じようなものであり、決して彼らは短いとは思っていないのではないかというのです[6]。何だかホッとする話ですね。

また、時間とは、こんなふうにもいえます。人生の一〇代の成長期には時間はとても長く、一年前のことははるか昔のように思えます。しかし、二〇代になると時間の過ぎるのがどんどん速くなる。四〇代や五〇代などでは一年間はあっという間に過ぎてしまう。気がつくと、最近の私のように、人生の残りが少なくなってしまっています。これは、いわば人間の体内時計が徐々にゆっくりとしか進まなくなるので、周りの景色や動きが同じペースで進んでいても、速く感じてしまうのではないかというのです。⑥私も歳をとって、若いときのように機敏な動きや判断が思うようにいかなくなっていることを実感します。そのようなときは「ああ、体内時計の進み方が遅くなっているなー」と思います。少し残念ですが、そういうものだと思えばあきらめもつき、人生の別の楽しみ方ができるというものです。

話は、飛んでしまいましたが、地球の歴史を考えるときの時間に対する理解で重要なのは、高速度カメラでとらえる時間の流れと事象の変化、日常的な感覚でとらえられる時間の流れと変化、そして速いコマ送りでとらえる時間の流れと変化、それらによって見える世界が違うということです。そのような時間スケールを超えて、貫く自然の法則は同じなのでしょうか？　時間をどんどん短いスケールにしていったときに何が見えてくるのか、というのが現代の科学では最前線のテーマですが、逆に長いスケールにしていったときに、日常的な現象を貫く自然の法則は、どこまで通用するのか、それを貫く新しい法則があるのか、ということをまじめに考えてみてもいいかもしれません。これこそ、地質学的時間スケールの問題ですので、後にまた考えましょう。

時計とは？

どうやって時間を計るのか。もちろん時計を使います。時計とは一定の間隔で繰り返すリズミカルな現象を基準として、その何倍、何十倍、何万倍として計ります。規則的であればあるほど正確な時計です。昔は天体や太陽や月のリズムを使って、暦という時計を作りました。もっと短い時間を計るために、一定間隔で落下する水滴のリズムなども使いました。今は、振動する結晶のリズムを使い、一秒を定義しています。現在は、四〇カ国の代表が参加した一九九七年の国際度量衡総会において、セシウム原子の振動を基準に秒を定義することで合意しています。

この時間は、宇宙の開闢から今まで、変わらぬリズムで繰り返してきた、と考えられてきました。しかし、前述のように、二〇世紀の初頭にアインシュタインという天才物理学者が、この常識を覆したのでしたね。相対性理論です[7]。時間は伸びたり縮んだりする。長さも伸びたり縮んだりする。一秒、一メートルは、どこでも同じというわけではないということです。宇宙を飛ぶ人工衛星の中の一秒は、地上から見るとゆっくりと進んでいるというのです。この発見は世界に衝撃をもたらしましたが、その後、観測もされ、いまでは日常の生活に欠かせない技術にも応用されています。たとえば、人工衛星を使った汎地球測地システム（ＧＰＳ）も、相対論効果を時計合わせに組み込むようになっています。

地球の歴史を知るための時計探し

地球の歴史の研究には、時間を計る時計の研究がいつもその大黒柱となっていることはいうまでもありません。地質学が生まれた一八世紀には正確な時計はありませんでした。地球は何歳なのか?ということすらわからないわけです。

一七世紀にマニアックともいえる敬虔なピューリタンの牧師がいました。彼は旧約聖書に書かれた地球創世の物語から、現在にいたるまでの時間を計算しました。それによると、地球が誕生したのは、紀元前四〇〇四年一〇月一八日〜二四日だったというのです。それが一九世紀にいたってもまことしやかに伝わって、信じる人も多かったようです。本当に地球の時間を計れるようになったのは二〇世紀に入ってからでした。

一九世紀末の古典地質学の時代に、有名な地球の年齢をめぐる論争がありました。そびえる山に昔、海の底で堆積した地層があるとします。それを麓から眺める地質学者が、次のような順序で山ができるまでの出来事を考えたのです。

山が削られ、谷ができる。山はどの程度の速さで削られるでしょうか? ふだんはチョロチョロとしか流れない川も、大嵐がくると山を削り、土砂が流れ出します。一年間に流れ出す土砂量を考えると、山が削られるだけでも気の遠くなるような時間が必要です。浸食された土砂が海底に堆積します。そして次は地層です。地層が降り積もる速さは、想像できます。河口に行けば、川から流れてきた土砂が堆積し、降り積もり、三角州のような大地が年々広がっていきます。それを見続けていけば、堆積する速さを求めることができます。

そして昔の海底が今、山の上にあるのですから、持ち上げるための時間が必要です。今ならば観測によって一年間にどの程度大地が上昇したり沈降したりしているかを計ることができますが、一九世紀にはその技術はありません。そのころの科学の中心は欧州にありましたが、そこでは日本のような地震・火山による激しい地殻変動もほとんどありませんから、本当にわからなくて困っただろうと想像できます。とんでもなくゆっくりであるとしか想像できなかったのではないでしょうか。

山が削られる時間、地層の降り積もる時間、そして山が盛り上がる時間が、目の前の山を作るための最低の時間です。そのような計算をした地質学者がいたのです。すると、数億年は必要だということとなりました。しかも、それらの地層の下にはさらに岩石があるわけですから、聖書に書いてあるような時間ではとても足りないことになります。古典地質学者は、このような計算から、地球の年齢は聖書による計算結果よりもはるかに長い時間であり、億年スケールになると考えたのです。

このように考える地質学者の心には、実は大変重要な地質学の自然観の根幹ともいうべき考え方が隠されています。

斉一主義

それは斉一主義という考え方で、ハットンにより提唱され、ライエルの『地質学原理』によって普及・定着したものです。現在起こっている現象は過去においても起こったに違いない、そこを貫く物理化学の法則は変わらないという考え方で、今では当たり前に思えるかもしれません。別名、現在主義ともいいます。加えて、人間の一生の間に、あるいは歴史に記され記録によって見ることのできる変化、たとえば山が浸食され土砂が生産される速さや堆積物が降り積もる速さは、長い地球の歴史を通じて同じであったとする考え方でもありました。今では、地球の歴史を通じて、さまざまな現象が同じ程度の速さと規模で進行したとする考えは通用しないことがはっきりとしています。したがって、それを前提とした地球の年齢推定はできないことが明確となっています。しかし、二〇世紀初頭までは、それを仮定しないと地球の年齢の推定は不可能でした。

地質学者が地球の年齢を斉一主義に基づいて推定することに、猛烈に反対する物理学者がいました。その名前が絶対温度の単位にもなっている有名なケルビンです。彼はイギリス物理学界に君臨するボス的存在でした。彼は、地球のはじまりは火の玉であったことを前提として、熱が伝導によって地球表面へ伝わり、表面から放射によって宇宙空間に逃げていく冷却過程が地球の年齢を教えてくれると結論したのです。球の冷却速度を計算し、地球の年齢が数千万年、長くても四億年を越えることはないと結論したのです。しかし、当時は地球内部のマントル対流によって物質が集積していくことによる潜熱の解放、マントル対流による効果的な熱の放出、さらに地球内部の放射同位体の崩壊に伴う熱の放出等のことがまったくわかっていなかったので、とてつもなく若い年齢を算出してしまったことになります。地質学者が山の形成や順序から推定した地球の年齢の方がより事実に近かったというわけです。そして、地球の年齢を知る上での物理学の大発見が、二〇世紀に入ってなされました。

放射性同位体に基づく地球の年齢

物理学の世界で放射性同位体が発見され、それが時計として使えることがわかって、それまで想像の世界でしかなかった年齢が復元できるようになったのです。放射性同位体は、キューリー夫妻によって発見されました。たとえばウランの放射性同位体は徐々に中性子を放出しながら崩壊し、トリウムを経て、最後には鉛になってしまいますが、その崩壊の速さは一定です。このような規則的な変化は、時計として役に立つことは前に述べました。したがって、放射性同位体が発見されてすぐに、これは地球の年齢の推定に使えると科学者が思うのは当然のことです。そして、地球の年齢推定競争がはじまりました[8]。

むやみやたらと地球の岩石を計っても、効率が悪いことは言うまでもありません。そこで、地質学の基本である、地層の積み重なり方、つまりマグマの貫入から見た新旧、断層の「切った、切られた」の関係から見た新旧という、それまでに蓄積された地層の順番から、最も古そうなものを次々と計ることとなったのです。そして、一九六〇年代には、地球の年齢は三五億年を超えることが明らかとなりました[8]。

（1） E・H・カー（清水幾太郎訳）『歴史とは何か』岩波新書、一九六二年。
（2） たとえば、遠山美都男『壬申の乱―天皇誕生の神話と史実』中公新書、一九九六年。

(3) 桑原真人・川上 淳・宮川健二・井上 哲『北海道の歴史がわかる本』亜璃西社、二〇〇八年。
(4) エンゲルス(戸原四郎訳)『家族・私有財産・国家の起源』岩波文庫、一九六五年。
(5) マーク・ブキャナン(水谷 淳訳)『歴史の方程式―科学は大事件を予知できるか』早川書房、二〇〇三年。
(6) 本川達雄『ゾウの時間ネズミの時間―サイズの生物学』中公新書、一九九二年。
(7) 相対性理論を解説する一般向けの書は無数にあるが、最近の物理学の現状も記した、竹内 薫『世界が変わる現代物理学』ちくま新書、二〇〇四年がわかりやすい。
(8) チェリー・ルイス(高柳洋吉訳)『地質学者アーサー・ホームズ伝―地球の年齢を決めた男』古今書院、二〇〇三年。

第三章　プレートテクトニクス革命

Die Entstehung der

Kontinente und Ozeane

Von

Dr. Alfred Wegener

o. ö. Professor der Meteorologie und Geophysik
an der Universität Graz

Vierte umgearbeitete Auflage

Mit 63 Abbildungen

Braunschweig

Druck und Verlag von Friedr. Vieweg & Sohn Akt.-Ges.

1929

ウェゲナー『大陸と海洋の起源』第４版（1929）
表紙（http://ja.wikipedia.org/wiki/ 大陸と海洋の起源）

地質学の輸入

日本は、明治維新直後に地質学の輸入をはじめました。明治維新の時期は、ダーウィンの進化論『種の起源』の発表（一八五九年、日本は安政の大獄で大揺れのときです）からまだ間もない頃でした。当時の古典地質学の中心命題は「山はどうしてできるのか」という造山運動の理解にあり、初期の火の玉地球が地球史を通じての冷却に伴い、表面にシワがよって山脈が形成されるという説「地球収縮論」などがもてはやされていた時代です。

古典地質学の日本への輸入には二つの系譜がありました。ひとつは東京大学理学部に設けられた地質学教室の初代お雇いドイツ人教授ナウマンであり、いまひとつは北海道開拓使がマサチューセッツから雇用したアメリカ人、ライマンです。ナウマン教授は弱冠二〇歳でした。彼らは資源の探査指針の確立という国家的な使命を担わされるとともに、科学としては「日本列島形成論」の成立に貢献することとなりました。当時、西欧諸国は世界へ広げた植民地の資源探査の先導役として地質学者を送り込んでいました。また、そのことによって「地球を知る」という科学的所業においても、膨大なデータが飛躍的に蓄積しはじめていた時代です。日本における彼らの調査研究の結果は、当然ながらそれぞれの国において科学的成果として公表されていきました。

東京大学に残るナウマンに関する逸話があります。江戸時代、全国各藩の江戸屋敷がお江戸にありました。参勤交代制という幕府がとった全国統治の結果でしたね。それぞれの屋敷には立派な日本庭園があり、そこにはそれぞれの地方の藩からの銘石が置かれていました。たとえば東大の本郷キャンパスは、江戸時代の加賀前田藩の江戸屋敷跡です。その真ん中には三四郎池の名で知られる庭園があります。そして、池の真ん中に島が作られ、あちこちに奇妙な形をした石が置かれています。ナウマンは各藩の江戸屋敷の銘石を調べて、石が何かを決めました。それを伊能忠敬が作成した日本地図の上に記していって、本州以南の最初の地質図を作ったと言われています。

もちろん、ナウマンは実際に全国各地へも出掛けていきました。埼玉県の長瀞は変成岩の露出する景勝地で、今では川下りなどのレジャーを楽しむ多くの家族連れで賑わっています。そこには長瀞へのナウマンの訪問を記念して、日本地質学発祥の地の碑が建っています。きれいな緑色をした変成岩は庭石として最も珍重される美しい石です。

一方、北海道開拓使に雇用されたライマンは、測量して地図を作りながら、難行苦行の末に北海道の地質図を作成したようです。この北海道の地質図は、ナウマン作成の本州のものに先立って作成された日本最初の地質図です。石炭層の大発見へつながる調査となりました。

お雇い外国人を引き継いだ日本の地質学者たちも、地質調査の手法を身につけました。徹底して日本各地を歩いたのです。日本列島各地の岩石や地層の分布は、第二次世界大戦をはさんで、二〇世紀半ばまでにはおおよそ把握されることとなりました。とくに第二次大戦後、旧制高校が大学となり、多くの地質学者がポストを得たこと、地質調査所が全国的に地質図作りに取り組んだことなどが大きかったと思います。しかし、その科学としての成果の集約は「日本列島はいかにできたか」という問題設定に留まるものがほとんどであり、日本列島を地球全体から見たときの一般性などへ押し広げるものは少なく、またその日本列島形成論ですら、古い枠の中での四分五裂的様相でした。

そのような最中、一九六〇年代、この地質学を含む地球科学に革命が起きたのです。それまで陸が中心の地質学的地球観から、海までを包括したプレートテクトニクスの登場です。その時期は、ちょうどトーマス・クーンが「科学革命」の科学論をまとめあげた時期でもあり、彼はこの地球科学における新しい地球観の成立を、パラダイムの大転換＝科学の革命として描き出しました。このときはまた、アメリカのケネディ大統領が六〇年代末までに人類を月へ送ると宣言した時期にも重なります。このアポロ計画は東西冷戦の中、次々と宇宙計画で先を行くソ連への対抗を強く意識したアメリカの一大政治ショー的な側面が大きかったのですが、同時に惑星科学の本格的成立に向けた役割を果たすこととなりました。すなわち、人類の地球観も惑星観も、この時期を境にして、それまでとはまったく異なる時代に入ったのです。

この今から四〇～五〇年前の地球科学の革命期の教訓、とくに日本におけるそれについて、筆者なりの感想を記してみようと思います。私的には、この時期はちょうど私が大学へ進み、地球科学への道へ進む直前であり、私の進学後に、日本にその地球科学革命が遅れてやってきたのでした①。

革命の足音

一九六〇年代末、日本のみならず世界の大学は学園紛争の最中にありました。東京大学の安田講堂攻防戦は一九六九年一月のことであり、一九六九年の東大の入学試験は中止となってしまいました。

私はそのときまさに高校三年生の受験当事者であったので、これらのできごとは人ごとではなく、ひとときもニュースから目を離すことのできない重大事でした。アポロ月面着陸の快挙は、このような新しい未来を求める大きな激動の時代の中でなされたのでした。

当時、私の進んだ北海道大学も、入学は東大と同様に理系で一括して行い、教養課程の後に改めて進路を選択し、専門学部へ進みました。教養課程でどこへ進級するか考える機会があるのです。アポロ計画などの影響もあり、私は地球科学への道を進むことにしました。そして、そこもまた「科学の革命」の最中にあることを知ったのです。しかし、そこには知っていることと教えられることの間に大きな齟齬がありました。

進級先の選択をする際の、私にとってのひとつの指標は、いま科学の最前線はどうなっているのかを知り、面白そうなところを選ぶということでした。科学の最前線を探るために、たとえば岩波書店の発行する月刊「科学」は最も重要な情報源でした。本を買うお金がなくとも、図書室へ行けば読むことができます。あるいは友人の読んだものを譲り受けるなどしながら、どの分野へ進むべきかを思案しました。地球科学は、プレートテクトニクスという新しい理論が登場し、熱いらしいという情報は容易に得られます。その他の科学普及本も、この新しい地球観を伝えています。北海道の田舎にいても子供の頃に聞いたことのある「大陸移動説」が本当らしいというのです。一九六〇年代に大変はやり、私も欠かさず見ていたＮＨＫの人形劇『ひょっこりひょうたん島』（井上ひさし原作）の「島が動く」というのが本当だというのです。このサイエンスロマンに強く魅せられました。

胸を躍らせて専門学部へ進みました。しかし、そこではこの新しい地球観、プレートテクトニクスをめぐって空気がおかしいのです。有力な教授の幾人かは、この新しい見方に激しい拒絶を示しています。一方でそれを受け入れる人もいます。そのような中で教育を受ける側は、どうすれば良いのでしょうか？

答えは自ずと明らかで「自分で判断する」ことしかありません。以来、講義で受ける内容に関しては「耳半分」の姿勢となりました。当時、学生たちの多くはそのような状況に鍛えられていました。なぜなら、大学紛争における「革命的気分」とは、「すべての既存の世界観を疑え！」が重要なメッセージであり、そのためにさまざまな事柄に関して「反骨的に」議論することに慣れていたからです。

一九七〇年代半ばになると、大学紛争も一部の過激な運動を除いて穏やかになりました。そして多くの学生は、紛争の間におろそかになった勉学の遅れを取り戻すかのように、専門の勉強にのめり込んでいきました。

日本の地質学界では、七〇年代の半ばを過ぎてもプレートテクトニクスをめぐる議論が最大の焦点でした。私が大学院へ進み研究を開始するにあたっても、この問題に真正面から取り組むことが必要でしたし、それは自分の中でも最大の関心事でした。

大陸移動説

ドイツのブレーメルハーヴェンの北海に面して、アルフレッド・ウェゲナー研究所があります。ドイツにおける南極や北極の極地と海の研究拠点です。この研究所の名前は、二〇世紀前半に大陸移動説を初めて提唱したウェゲナーを記念したもので、一九八〇年に建設されました。二〇〇五年にこの研究所創立二五周年を記念して、ウェゲナーの『大陸と海洋の起源』（一九一五年の第一版と一九二九年の第四版）と、そのためのノートが復刻されました。私はドイツ語を理解しませんが、細かい字でびっしりと書かれたノートを見ると、大変感動を覚えます。

『大陸と海洋の起源』（第四版）は日本語版として、竹内均訳・解説（一九七五年）と、都城秋穂・紫藤文子訳・解説（一九八一年）の二つが出されています。[2] この翻訳がなされたときは、ちょうど日本はプレートテクトニクスをめぐって大きな議論のただ中にありました。地球物理学の竹内氏、地質学の都城・紫藤氏の両方の視点からの解説は、大変興味をそそられるものです。以降、ウェゲナーの大陸移動説に関しては、日本でも多くの教科書で、幾度も紹介されることとなりましたが、このときの両者の評価と解説が基準となっています。

私は、竹内均訳のものを大学院生のときに手にして読んだのですが、本書を記すにあたって再度両方の翻訳を読んでみることにしました。それは、ウェゲナーがどのような自然観や地球観を持っていたのかということを改めて知りたいと思ったからです。そしてウェゲナーの執筆から四五年程度後の翻訳・解説と、それからさらに同じくらいのときを経た現時点の科学の成果と、あわせてほぼ一〇〇年の進歩が俯瞰できるからです。

翻訳を読むと、ほぼ一〇〇年前の学界の空気がわかります。一九世紀後半に絶頂期を迎えた地質学が解き明かした地球像が力強く伝わってきます。大陸移動説を説明するために帰納された根拠は、四つあります。

①大陸縁の形と大きさがパズルを合わせるように符合する、

②大陸同士を合わせると岩石・地層の分布が符合する、

③長距離移動できない動物・植物の化石分布が符合する、

そして、

④気候指示の地層分布も符合する、

です。これらはいずれも大航海時代や、産業革命以降の帝国主義の時代に、植民地を次々と確保し、そこでの地下資源確保のために作成された地質図をまとめあげた結果です。ナウマンやライマンの作成した日本の地質図や、その後の原田豊吉（東大二代目地質学教授）の研究も、間接情報として取り入れられていたでしょう。

くわしく説明しましょう。①の大陸縁の形のパズル合わせは必ずしもウェゲナーが最初に思いついたというわけではなく、それ以前にもあったようです。大航海時代を経て大陸の形が明らかとなっていく過程で、形の符合に思いあたるのは必然だったのでしょう。

また、②の岩石や地層分布については、列強諸国が植民地を広げる最大の理由のひとつに地下資源の確保があったわけですから、二〇世紀初頭には大陸の地質の基本的分布はわかっていたということでしょう。ただ、大陸の形のパズル合わせをすると岩石や地層の分布まで符合するというのは、ウェゲナーが最初に気づいたことでした。いわば白紙のパズルから模様が入り込んだパズル合わせになったようなものです。その符合は偶然の域を大きく超えたとも言えるでしょう。

続いて③ですが、長距離移動できない動物・植物とは、たとえば陸上爬虫類の恐竜や、淡水の両生類です。それらは化石として骨だけが地層の中から出てくるのですが、同種の化石が大西洋をはさんだ両大陸から発見されていました。一九世紀後半のダーウィンの進化論、そして地質学の斉一主義を組み合わせて考えると、間に大きな大西洋という海があると、なぜ離れた大陸に同種の化石が存在するのか、説明がとても難しい。大陸を隣り合わせると容易に説明できるというわけです。しかし、当時の地質学者の世界では、大陸を水平に動かすことなどは、思いもよらないわけですから、それまでは大西洋のような海には大陸と大陸をつないだ失われた陸があったはずだ、つまり陸橋があったはずだと考えていたわけです。

しかし、ウェゲナーはそれほど長い距離の陸橋では、移動している間に、独自の進化をして、違った生物になってしまうはずであるから、大西洋に沈んでしまった陸があったというのはおかしいと主張しました。海は水があるから海だというのではなく、ちゃんと理由がある、そこの下にある岩石の密度が大きいから海なのだ、と急発展を遂げつつあったアイソスタシーに関する地球物理学的知識を駆使して、ウェゲナーは反論するわけです。

アイソスタシーとは、物理学で出てくるアルキメデスの原理で説明されます。子どもの頃持った、なぜ重たい鉄でできている船が浮かぶのか？という疑問への答えと同じ原理です。大陸が水の上に顔を出しているのは、密度が大きく流動性のある地球内部のマントルの上に、密度が小さく軽い、しかし厚みのある地殻が浮いているから陸でいられるのです。水の上に船が浮かぶ、木が浮かぶのと同じ物理の原理です。アルキメデスがお風呂に入って、お風呂の湯が溢れ出し、その分、体が軽くなったときに「ユリーカ！（わかった！）」と叫んだという逸話をご存知でしょう。海は、海底の地殻が大陸の地殻に比べて密度が大きく薄いので沈んでいるのであって、そこには岩石として異なる陸が存在するはずがないと強く反対したのです。

次に、④の気候指示堆積物の符合とは、日本人にはあまりなじみがありませんが、氷河周辺の堆積物や砂漠の堆積物、熱帯の堆積物などが同じく両大陸の同じ緯度に符合する場所から発見されたことを指しています。

ヨーロッパや北米大陸へ行くと、土木工事の現場で作られるような汚く雑多な砂利が混じった土砂の山を道路の切り割りなどに見ることができます。そのような堆積物は、現在も氷河の末端で作られており、このことは、今でも山岳氷河のあるアルプス山脈の麓で、かつ氷河時代には大陸を覆って氷河の発達していたところに住む欧州の人たちにはわかります。その石の中には氷河が削り込んだ擦傷が残されています。そして、その傷のついた岩盤がすぐ横に露出しているのですから、気がつくわけです。地層の中に、現在の氷河末端と同じものが見つかると、かつて氷河があったことを想像できたのでしょう。

また、砂漠の堆積物についてはどうでしょうか。人間の文明は、エジプト文明にしてもメソポタミア文明にしても、シルクロードのアラビア世界も、常に砂漠と隣り合わせです。砂漠の砂はいつも大気にさらされ、強烈に摩耗し、風化が進みます。最後は風化に強い石英という鉱物だけになり、かつその砂粒の周りには砂漠独特のダストリングが作られます。海岸の砂とはまるで違った様相を呈するので、地層の中にそのような砂があると「お！砂漠の砂だ」とわかるのでしょう。

熱帯地方へ行くと土は真っ赤です。熱帯は高温多湿な気候なので、化学的な風化が極端に進み、アルミニウムが濃集します。そのような土壌は真っ赤な色でラテライトと言います。空気に曝されて酸化（さびて）しているのですね。それらが地層になるとボーキサイトという重要なアルミニウム資源となります。アルミニウムは地球では最もありふれている金属ですが、自然が濃集してくれている重要な地下資源です。それは、かつて熱帯だったことを教えてくれるのです。

温帯まで広がる気候指示堆積物には、たとえば石炭があります。日本でもかつて石炭は最も根幹となるエネルギー地下資源であり、これが明治維新後の日本の発展を支えました。北海道に重点的に開拓使を設け、独自にライマンという外国人を雇い、徹底して地下を調査したのは、そのためでもあったのです。

しかし、石炭は地層だということを、どの程度の日本人は知っているでしょう。私は燃料と言えば石炭という時代に北海道の炭坑街で子供時代を過ごしました。また、一九六〇年代、燃料が石炭から石油へ変わるときが少年時代でしたので、炭坑の大事故や家族離散の悲劇、それでも底抜けに明るい炭坑の人たちの姿、そして閉山による街の消滅、野良猫とお寺だけが残るゴーストタウンの形成などを身近に経験しました。それと同時に、石炭が地層であるということを知った最初の感動をありありと記憶しています。

私が小学三年のとき、炭坑街と学校をつなぐ近道を造るために、川沿いに新しい道路が造られました。その道路は、放課後、子供たちの格好の遊び場となりました。切り割りの側面に登ったり降りたり、日が暮れるまで遊ぶのです。その切り取られた崖に真っ黒な石炭の地層が現れていました。売り物になるような質のいい石炭ではありませんでしたが、炭坑街に住む者にはすぐにそれが石炭だとわかります。それを眺めて、触り、掘り出すのも遊びのうちです。石炭の層の上には葉っぱの化石、下には貝殻の化石が出てきて、ますます子供たちの興味を惹きます。貝殻の化石をじっとながめると、朝のみそ汁に入っているシジミやアサリのような形をしています。どうしてこんな山の中に貝殻があるのか、訳がわからず不思議な思いにかられました。そして、教員をしていた父（地理の先生でした）に聞くと、石炭は昔そこに大森林があった証拠であること、貝殻は海辺にあったことの証拠と教えられ、大変驚きました。

しかし、その大昔とは、四〇〇〇万～五〇〇〇万年も前のことであったのを知るのは、恥ずかしながら大学へ入って地質学を学ぶようになってからでした。子供の頃に、もっと深く詰めて考えておかなかったことを反省したものです。たとえば、現在の地球で石炭はどこで作られつつあるのかという疑問です。北海道には、釧路大湿原などのように大規模な湿地帯があります。あるいは、石炭になる途中の泥炭というものを燃料として使用した時代もありました。石狩平野などではそのための炭坑もあったほどです。十勝平野には、地下の泥炭の発酵によって発生した熱による温泉（十勝温泉）まであります。これらは、大湿原に形成された森林が地層となり、石炭が作られつつある現場だったのです。熱帯雨林では、もっと大規模に作られているはずです。ですから、石炭の存在は、そのような多湿の熱帯から温帯の気候を指示するのですね。

熱帯か温帯かということは、季節の違いによる年輪があるかどうかなどからわかることも、すでに一九世紀の地質学では考察が進んでいました。日本の材木には年輪があるが、チーク材などの熱帯雨林の材木には年輪がないことに符合しています。

地質学からの総合

また少し脱線して、私の子供時代の経験を記してしまいました。大海における陸橋存否論争にあたって、ウェゲナーの科学観は明確です。陸橋説への反論を強く主張していますが、それを導く基となった膨大な事実の蓄積として、岩石・地質の分布、化石の分布、気候指示物の分布を明らかにしたことに対しては、高く評価されています。ただ次に述べるように、その事実に対する説明のための仮説が違ったのです。

大陸移動説は、二〇世紀の初頭までの時点で、地質学が記載的事実を帰納的に総合した結果です。ちょうど天文学において、ティコ・プラーエが惑星の軌道に関する膨大なデータをまとめたのに似ています。天文学ではその後、ケプラーがそれを帰納的に数式としてまとめあげました。そして最後はニュートンが、万有引力の法則という理論としてまとめます。以降、この法則から演繹的にさまざまな観測を説明するという道筋の中で、科学の方法は確立していきます。つまり、大陸移動説は、その最初の観測事実の整理にあたると考えられます。一方、当時の地球物理学はまだ観測の精度が悪く、それらのデータのまとめから十分に大陸移動説を帰納できるほどではありませんでした。地質学からの帰納的事実の整理がきわめて大きく貢献して、大陸移動説を確信させる最大の根拠となったわけです。

ウェゲナーは第四版出版直後の一九三〇年にグリーンランドで遭難してしまいます。その原因は、この一九二九年版を見ると明らかです。当時の測地学の技術（経度、緯度を正確に決めるなど）はまだまだ精度が低いものでした。しかし、当時の測地学的観測結果を総合すると、ヨーロッパとグリーンランドは年に三〇メートル以上の速さで離れているという今から考えれば途方もない結果が得られていました。ウェゲナーは測定の誤差を考えてもこれを有意であるとし、最新の驚くべき成果であると第四版に記しています。地質学的年代は放射性同位体を用いた年代測定がはじまったばかりで、こちらも精度がありませんでした。そのため過去の地質年代は、総じて若いと考えられていましたので、大陸移動速度が年数十メートルでもおかしくないと思ってしまったのです。

大陸移動説は、地球物理学者たちから、大陸移動の原動力に対して「物理がない！（それを説明する物理学的メカニズムがない）」と全面的な攻撃を受けていました。ウェゲナーは演繹的予測に基づいて、それを観測から証明しようとして、グリーンランドへ渡り遭難してしまうのです。

都城・紫藤両氏の翻訳の解説には、グリーンランド調査の目的は、測量ではなく助手的な役割であったかのように書いてあります。しかし、最近翻訳された『超大陸[3]』によりますと、やはり大陸移動を検証するための測量が大きな目的に組み込まれていたようです。時計合わせのために、一九二二年にはじまった無線時刻伝送が使えるようになっていたので、それと天体観測を組み合わせて大陸移動速度を実測するという目的だったのですね。ウェゲナーの遭難死にいたるまでの経過は、今でも謎に包まれたままです。

観察され、帰納された事実を物理の論理の中で整理しようとするとき、必ずそれを数値として整理し、観「測」とすることが必要です。その際、空間と時間に関する数値的データは必須です。その空間と時間の数値化に桁を超えたような大きな誤りがあれば、その上に築いた仮説は間違った研究方向へと導かれてしまい、砂上の楼閣となるわけです。ウェゲナーの最後の悲劇の原因は、そこにあったのでした。

ウェゲナーの大陸移動説は、一般的には孤立していたと評価されています（たとえば都城・紫藤の翻訳の解説[2]、ウッド著『地球の科学史[4]』）。しかし、この説のわかりやすさと、地質学と地球物理学を融合させた、当時としてはまったく新しい視点は、当時大きな影響を与えていたことも事実です。支持が広がりはじめていたからこそ、論争になったのです。境界領域の広がりが、老舗の科学を根本から変えていく、典型的な例です。その流れはウェゲナーの死と世界大戦によって一時的に中断しますが、戦後すぐに復活することとなったのです。

科学における激しい論争は、人を駆り立て、時に死に追いやってしまうものです。ウェゲナーの場合には事故であったのですが、エントロピーをめぐる大きな論争があった物理学では、エントロピーを最初に明確に定義したボルツマンの自殺はあまりにも有名です。論争も相互の人間性まで立ち入ってのものは避けたいものです。ウェゲナーの陸橋説への論争は、そのことも含めて学ぶべき事柄で、今につながる問題でもあります。

日本は、明治維新以来、科学を主にドイツから学んでいて、『大陸と海洋の起源（第二版）』が早くから翻訳されたこともあったのでしょう、大陸移動説には敏感に反応していました。たとえば地球物理学者の元祖であり、有名な随筆家でもあった寺田寅彦は、いち早く反応しました。日本列島は、大陸からの分裂によって日本海が生まれることによってできたと看破したのです。日本海が大陸から分裂してできたことは、その後一九八〇年代の飛躍的研究によって明らかとなりました。寺田寅彦は活発に地質学者とも交流し、多くの著作を残しています。その総合的視点と興味・関心の広さは群を抜いています[5]。

大陸移動の実測

なおウェゲナーが夢見た、天体観測による測地学的手法によって大陸移動が実際に観測されたのは、一九九〇年代に入ってからのことでした。位置と時間の正確な把握、それを基にした精度のよい観測が実現するためには、実に八〇年の時を有したことになります。竹内均氏や都城・紫藤氏が翻訳された一九七〇年代には、まだ実現していなかったのですね。

その後、測地学はさらに進み、今では汎地球測位システム（GPS）によって時々刻々の地殻変動、大陸移動が観測される時代にいたっています。これにより、大陸はいつも同じ速さと方向で動いているわけではないということがはっきりとしてきました。地震の前後で地殻の運動は大きく変わるからです。それらを地質学的時間スケールまでつなげることができてはじめて、ウェゲナーの提唱した大陸移動説やこの後に記す海洋底拡大の定量的把握が厳密になるわけです。時間スケールを超えてどのような法則が成り立つのか？という問題が現代地質学の挑戦と言えます。このことはまた後に記すことにしましょう。

ウェゲナーが記した序文は印象的です。

「心の弱くなったある瞬間に、大陸移動説について私は次のように述べている。「この問題の最終的な解決は地球物理学からくると私は考える。科学のこの分野だけが十分に精密な方法を提供するからである。大陸移動説がまちがっていると地球物理学者が言う場合には、それを支持する他の証拠がある場合にも、それは……見捨てられるだろう。そしてこの事実に対する他の説明が求められるだろう。」……各科学者は自分の研究領域だけがこの問題に決着をつけうると信じている」（竹内均訳[2]）

この序文は大変意味深で、あらゆる科学の根幹として君臨する物理帝国主義に対する葛藤でもあるのです。「物理が成立していない！」「物理として説明せよ！」は、科学の世界においては、相手を黙らせる決まり文句のように使われてきて、そのことに対する優越と卑屈という心情があります。地球物理学に精通していたウェゲナーでさえ、心の弱きときに「物理帝国主義」が入り込むといっているのです。しかし、目の前には自然の森羅万象の事実があり、それは原動力に関する物理がわからなくても、圧倒的迫力を持って、ウェゲナーには譲ることのできない確信として迫っていたのでしょう。

このように、地質的事象のみならず物理的観測をも総合して全体像を描こうとするとき、当然細部について間違いがあることや、それらをあげつらう批判がでるのも常です。とくにウェゲナーは地質学者ではなかったので、専門とする地質学者からの微細な批判は容易に想像がつきます。ですからウェゲナーは多くの著作に指摘されているように、まさに四面楚歌であったわけです。この序文は、その狭間での葛藤がにじみ出ているように読めるのです。

自然の森羅万象を見て、その物理的説明が不明でも「ありうる!面白い!」と直感するか、あるいは説明があってはじめて面白いと感ずるかは科学者の感性によります。

この葛藤は、自然を知るという人類の歴史の中で、人間の自然観の根底に横たわっています。後に詳しく検討してみましょう。

大陸移動説復活の序幕

さて、ウェゲナーの遭難死の後、世界は科学ロマンどころではなくなります。一九二九年にはじまった世界大恐慌を経て、やがて世界戦争へと突入していったからです。多くの科学者をも巻き込み、人類史上未曽有の犠牲者を生んだ第二次世界大戦によって、大陸移動や地球に関わる科学は完全に中断します。

さて、大陸移動説は、第二次大戦後、見事に復活を遂げるわけですが、その復活の序幕には、古地磁気学という新しい研究が大きな貢献をしたことが知られています。

岩石には、基本的に三つの種類があると第一章で記しました。岩石を作る鉱物の中で、鉄などを含むものは微小な磁石です。それを磁石の性質を持った鉱物ということで磁性鉱物と呼びます。マグネットは、その磁性鉱物だけをあつめたものです。磁石は熱すると磁石ではなくなってしまいます。その磁石の性質を失う温度のことをキュリー温度と呼びます（放射能を発見した一人でもあるピエール・キュリーによって名づけられました）。マグマからできた火成岩は、冷えて固まるとき、このキュリー温度まで冷えると、その中の磁性鉱物が磁化します。マグマの冷却は地球表面で起こるわけですが、地球は磁場の中にありますから、それに反応するように磁化します。方位を知るときに使うコンパスが、地球の磁場に対する反応を利用しているのと同じです。一〇〇万年前に冷えて固まった火成岩は、一〇〇万年前の磁場を記録します。すなわち、火成岩の年代を知ることができれば、それはその時代の磁場の化石だといえるわけです。

地球の磁場に変化があることは、ウェゲナーの本（第四版）でも取り上げられ、なんとか大陸移動に結びつけられないかという苦悶の跡が綴られています。ウェゲナーは、気象学者であったので、先に記した古気候指示堆積物から、昔の北極・南極の位置、大陸の緯度的位置を知りたいと思っていた

図3-1　北アメリカと欧州から復元された見かけの極移動曲線は大陸を移動させると一致した（ランカーンとアーヴィンが採用した概念を図式化）

のです。見かけの極移動曲線を古気候指示堆積物から検証するという、大陸移動説から導かれる演繹的方法を提起していたわけです。

岩石が磁場の化石であるという新しい科学は、岩石の磁気的物性を計るという新しい切り口を提供しました。年代測定と組み合わせて、一九五九年、イギリスのランカーンとアーヴィンはアメリカ大陸から見た北極の移動、欧州から見た北極の移動を明らかにしました（図3-1）。

この北極の移動という得

られたデータをどう見るか、どう説明するか、そこが分かれ道です。「あ、北極は移動するものであり、昔は二つの北極があったのだなー」と漫然と見ることもできるのです。しかし、それでは地質学の根本思想「斉一主義」に矛盾します。現在の地球は、北極と南極がそれぞれ一つしかない双極子磁場であり、それらは地球の回転軸近くに位置するということに抵触します。なぜ双極子であるのか、という物理がきちんと説明できていなくとも、とりあえず置いておいて受け入れることもあり得るのです。もちろん、現在は地球の歴史の中で特殊な状態にあるとして、過去における双極子磁場を否定するという仮説の道もあります。ただしそのときには、岩石を地球の磁場の化石と見て昔の北極・南極を探るという科学的作業そのものが崩れますから、最初から意味のないことをやっていたことになります。

ですから、過去も現在と同じ双極子磁場だったという仮説を保持して、得られた結果を説明するという道が一貫した論理となるわけです。ひとつの大陸から見た移動曲線は一本しかありません。ここでも、それが本当の極の移動なのか、あるいはその移動は見せかけなのかという、二者択一の分かれ道があります。見せかけとは、北極は固定しており、岩石の所属する大陸の移動が本当だという可能性です。

それへの答えは置いておいても、欧州から見た極移動曲線とアメリカ大陸から見た極移動曲線が二本になるということの否定からスタートしたらどうでしょうか。

ウェゲナーの本の第四版で、極移動と大陸移動を結びつけようという苦悶の跡が記されていますから、それを地磁気の研究者が知らない訳はありません。そして、二つの極移動曲線の形が似ていることに気づいたに違いありません。そして大陸をウェゲナーの言うように移動させてみたところ、二つの極移動曲線が見事に重なった、そのとき、彼らはどんなに興奮したことでしょう。

北極・南極が固定されているとすると、極の移動曲線は大陸移動の軌跡であるという仮説をもっと押し進めたくなります。大陸の相対的な緯度を知りたいとなります。こうして、ウェゲナーの大陸移動説は、新しい観測を基に、劇的な復活へと向かっていったのでした。

この岩石磁気を用いた極移動の研究は、大陸移動「仮説」を意識的に検証するために実施されたかどうかはわかりません。現在の北極の位置がふらふらしているということはすでに知られていましたから、かつての磁極の位置を求めたいという動機であったかもしれません。

しかし、得られたデータという事実を説明するために辿り着いたのは、大陸移動説がほとんど唯一の説明解でした。このような発見を、実証といいます。ウェゲナーの大陸移動説を帰納的に提案するにあたって採用した地質学的事実（岩石や地層分布）は、その数がいくら増えても、質は変わりません。陸橋説の最終的粉砕にはいたらないわけです。しかし、それらとはまったく異なる方法によって得られたデータと、それに対する唯一の合理的な説明が大陸移動説しかないとなった場合、それを「実証された」と科学では定義するわけです。

大陸移動説の実証は、その後、破竹の勢いで進みはじめます。戦後の荒廃に無縁であったアメリカの科学界がその先頭を切ることができたのは言うまでもありません。

海洋底拡大説

大陸移動説の復活に向けた第二弾の研究は、古地磁気研究のすぐ後に続きました。一九五〇年代後半の海の研究です。それは地球表面の七割（水深一〇〇〇メートル以深とすると六割）を占める海の物語です。

ウェゲナーの大陸移動説においても海についてたくさん語られていますが（タイトルが『大陸と海の起源』ですから）、やはりその当時信頼できるデータは、圧倒的に大陸における岩石や地層の分布、化石の分布、地層の中の気候指示堆積物の分布など、陸からのものでした。ですから、大陸移動説は文字通り、陸から見た地球観であったわけです。

そこに風穴を空けたのが、ヘスとディーツによる海洋底の研究です。海洋底拡大説という命名はディーツによるものでしたが、大きな影響を与えた論文はヘスによるものでした。

その論文でヘスは、海洋底が海嶺でのマントル対流の湧き出しによって生まれ、水平方向に移動し、やがてマントル対流の沈み込み口である海溝から地球の中に戻っていくということを明快に示したのです（図3-2）。さらに、この速度は年間センチメートルオーダーであることも、さまざまな類推から示しました。

戦後一五年目に記されたヘスの論文は、その冒頭に「ジオポエトリー（地球の叙事詩）」と称されていて、初期地球の問題から、海の水の問題、そして海洋底の起源について記した簡潔なものでした

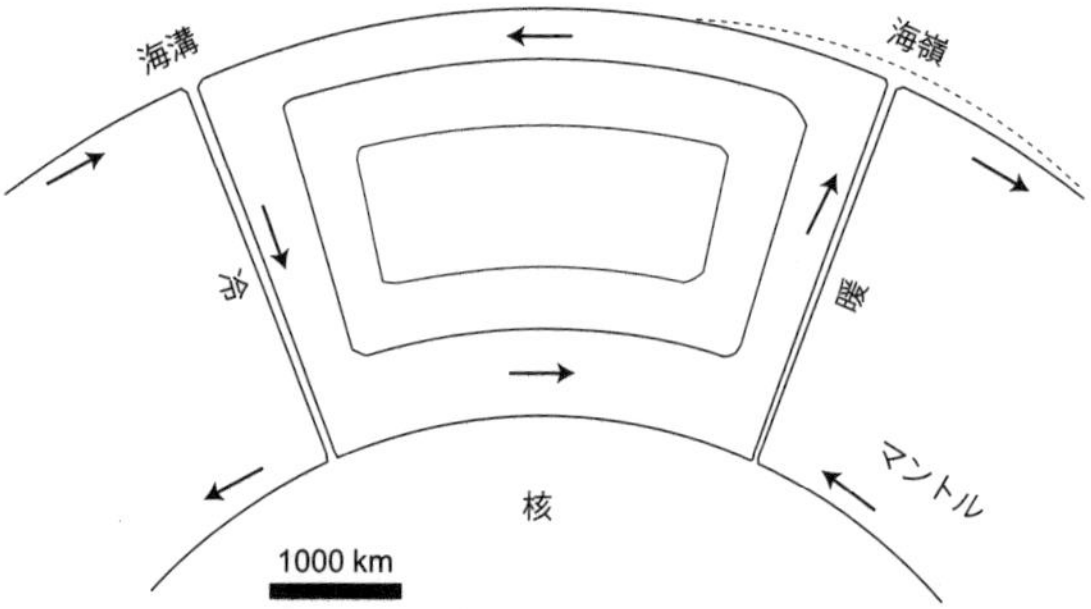

図3-2　ヘスによる海洋底拡大説とマントル対流のセル（H. H. Hess, Petrologic studies: a volume to honor of A. F. Buddington. Boulder, CO: Geological Society of America. 1962, pp. 599–620）

が、大変な影響を及ぼしました。ディーツの論文はヘスのものよりも一年前に発表されましたが、学会での発表は論文となるより前だったので、両者ともお互いに知っていたのでしょう。論文はそれぞれ独立に書かれていますが、海洋底拡大説の提唱は両者によるものとされています。

少し横道に入りますが、パンゲア大陸の分裂の跡である大西洋中央海嶺の再発見（ウェゲナーの本にも登場しますが、彼は陸の残骸があると考えていた）は、ラモント地質研究所のヒーゼンによるものでしたが、彼は海洋底拡大説の提唱者としては認められていないようです。ヒーゼンは、ウェゲナーが苦慮した大陸移動の原動力として、地球膨張説を取り入れました。このヒーゼンの地球膨張説に対して、ヘスは論文で毅然と反対しています。

一方、マントル対流説を提唱したアーサー・ホームズも、ヒーゼンと同様に地球膨張説を取り入れていました。しかし、ホームズはそのことがあっても高く評価されています。同じ地球膨張説への同調者であっても、なぜホームズへの攻撃は弱く、ヒーゼンへの攻撃は激しいのか、ヘスの論文だけを読むとわからないのです。

これに関連して、東大海洋研究所所長をされた奈須紀幸先生の手記⑥を見て納得しました。ヒーゼンは大変攻撃的な性格で、ラセントのユーイングとの関係も悪く、孤立していたというのです。ウェゲナーのときと同様、科学の世界でも人間関係が評価に効いてくることのひとつの例かもしれません。これらの人たちはすでにほとんど鬼籍に入っており、最近ではヒーゼンへの正当な評価も出てきています。

さて、このヘスの論文は、大変な影響を与えたわけですが、それは、壮大な地球叙事詩という謡い上げによるだけではなく、何度も明言される斉一主義の地球観のためではないかと思います。たとえば、反射法地震探査によって、海底には堆積物が降り積もっていることが明らかとなっていましたが、その堆積速度が一〇〇〇年に五センチメートルであり、もし海洋底が地球の歴史のように古いとすると、とんでもない厚さの堆積物がなければならない。しかしそうではないので、海洋底は常に更新されて若いものであるべきだと明確に結論づけたのです。ヘスは、若い頃に地質調査もし、斉一主義を文中に何度も記すほどの地質学者でした。そして岩石の研究に精通していました。この海洋底拡大説はそれに加えて、さまざまな地球物理学的観測や理論をも考慮し、融合したものだったのです。

ところで今、日本の地球深部探査船「ちきゅう」が目指している超深度掘削の次のターゲットは、海洋底においてマントルまで到達する「新モホール計画」です。世界で最初のモホール計画は、このヘスらによって一九六〇年代に計画されたものでした。それを今、五〇年以上のときを超えて実現しようと考えています。科学の夢の実現とは、まさに一〇〇年を超えるスケールを必要とするのかもしれません。

プレートテクトニクス革命

そして、地球科学は一九六〇年代、革命の一〇年に突入します。この革命期の様子は、一九七一年に発行された上田誠也著『新しい地球観』⑦に見事に描き出されています。私がこの本を手にしたのは発行直後で、まだ専門学部へ進む前でした。むさぼるように読んだのをありありと覚えています。

なぜなら、専門学部へ進むための単位が二単位だけ足りなく、留年してしまっていたからです。大学一年のときは大学紛争のために授業開講は皆無に近かったのですが、大学側は留年を恐れてすべての単位を無条件で「優」にするというわけのわからないことをしていました。授業が再開された二年目も、その経験があったため、甘く見ていたところ、出席していないものはどんどん単位を落とされて、結果的に学年の三分の一が留年してしまいました。私もその一人だったのです。人生最初の挫折で、親にあわせる顔もありませんでした。

しかし、何やらやっと一人前になったような気分で晴れ晴れとしたのを覚えています。当時は、浪人して大学へ入った学生が人生を謳歌しているように見えたことがあったのです。ありあまるほど生まれた時間を読書とバイトに費やせるようになったのが大変うれしく、そしてこの本を読んで、最終的に地質学を選択すると決めたのでした。

今でも、この本が最も熱く生き生きと当時の様子を記していると思います。上田氏自身もアメリカのプレートテクトニクス革命の現場にいて、プレート沈み込み帯研究の最前線で活躍されていたのですから、面白くないわけがないのです。出版時、上田誠也氏は四一歳ですから、プレートテクトニクス革命の六〇年代には上田氏は三〇代です。ある専門分野の長い歴史の中の大変革（革命）期に、科学者が研究者として最も集中できる年齢で遭遇するということは、まさに運とも言えるのです。そして、その運を生かすかどうかはその研究者個人の才覚である、とも言えます。そのような視点から見ると一層本書に興味が湧くことでしょう。上田氏の壮年の血潮が溢れている名著です。

上田誠也氏は今もご健在で活躍されています（図3-3）。

図 3-3　上田誠也氏近影

プレート運動の記述

ここでプレートテクトニクスとはどのようなことをいうのかを見ておきましょう。アポロ計画では月から眺めた地球の映像を地球へ実況中継しましたが、そのような距離から眺めると、地球はほとんど球であることがよくわかります。二〇世紀の地球物理学の発展によって、地球の内部は地殻、マントル、外核、内核という層状になっているこ

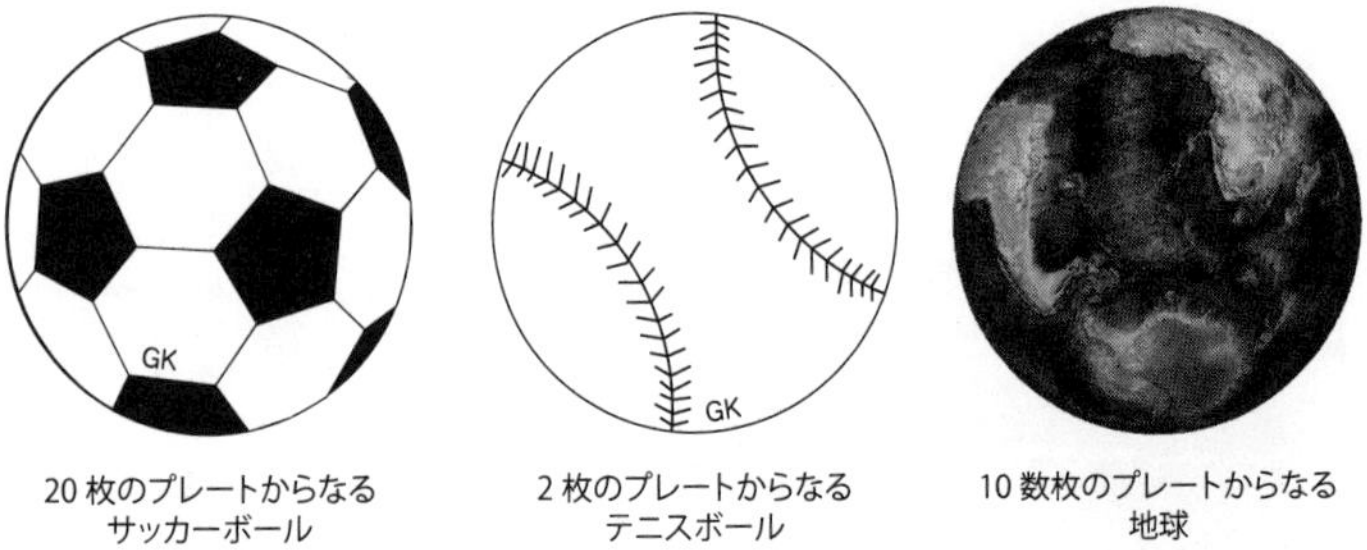

図 3-4 球の表面を覆うプレート（地球図面は http://www.ngdc.noaa.gov/mgg/image/crustalimages.html より）

とがわかっていました。また、第二次世界大戦中の海底地形の調査によって、マントルの上部と地殻をあわせた部分は、ピンポン球の殻のように厚い岩盤によって覆われること、それらが大陸移動や海洋底拡大によって、水平方向に動いてきたこともわかったのです。それらの運動を定量的にきちんと記述したいと思うのは、科学として当然の流れです。科学は、「観察から観測へ」と引き上がらなければ先へ進めないからです。

地球はほとんど球ですから、球の表面を覆う岩盤（プレート）は、ピンポン玉の殻と同じ球殻です。テニスボールはいわば二枚の球殻のプレート、サッカーボールは二〇枚のプレートからなると言えます。地球は十数枚のプレートからなります（図3-4）。

それらが水平に動くということは、たとえば、バレーボールでもサッカーボールでも、その表面に大陸の形をしたフェルトのアップリケでも置いて動かしてみればわかります（図3-5）。

アップリケはするするとすべり、一回転して元へ戻すことができますね。そう、プレートの水平運動とは、三次元的に見ると球面の上の回転であるのです。球面の上の回転を記述する幾何学は、すでにオイラーという大数学者が一七世紀に明らかにしていました。三次元における回転ですから、回転の軸があるはずです。そして、それが球である地球の表面と交わる極があるはずです。加えて回転の速度が必要です（図3-5）。

回転の速度とは、角速度といって、一秒間に角度にして何度回転するかで表します。プレートの回転の場合は、秒などで表すととても小さくて大変ですが、国際単位では、角度（ラジアン）／秒です。極の緯度・経度、角速度がわかると、運動が完全に記述できるのです。

ここで少し注意が必要です。地球は回転している、だから夜と昼があることは誰でも知っています（大昔の人類は、地球は動いておらず、太陽や月や星が回っていると思っていましたが）。この昼夜の原因となる回転の軸（北極と南極を結ぶ自転軸）と大陸の移動の軸は違います。この自転軸が大陸の移動や海洋底の移動が続く程度の時間（少なくとも数億年）動かなかったとしたときの、自転軸に対するプレートの回転のことを、プレートの絶対運動と呼ぶことになりました。この絶対運動を決めるのは、そんなに簡単ではありません。たとえば、先に大陸移動のところで、岩石に残された見かけの極移動曲線が大陸移動説復活の序幕となったと記しましたが、それはアメリカ大陸

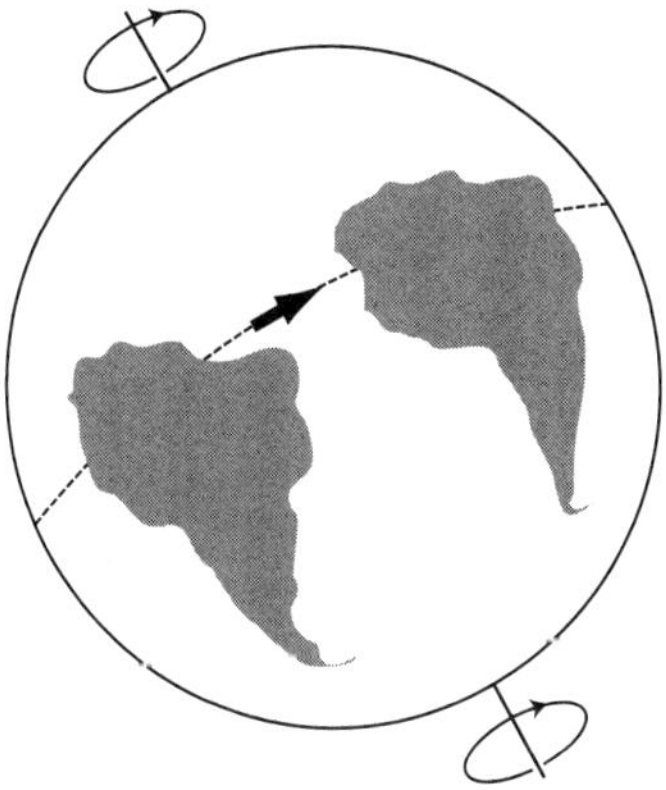

図3-5　球面上のプレートの運動は球の中心を通る軸のまわりの回転運動で記述される

と欧州の二つの大陸の間の相対的な回転を表していました。この相対的な回転の極が、たまたま地球の自転軸の極（それは磁場の極に近い）であったという偶然がもたらしたものです。もし二つのプレートが南北に分かれていったとしたら、その回転の極は赤道近くに位置することになるわけです。

ですから、まず二つのプレートの間の相対運動を正確に記述しようということになります。

相対運動の決定

プレート境界は三つの種類からなります。巨大な岩盤であるプレートが「ぶつかる」「すれ違う」「離れる」境界です（何やら、結ばれないカップルや破綻する夫婦のようですが）。このペアとしての二つのプレートが接するプレート境界のうち、「すれ違う」「離れる」境界を見ていきましょう。ぶつかる境界は、少し複雑だからここではおいておきます。

プレート境界は、三次元的には面ですが、地表では線です。この線を仮想的に地球全体に伸ばします。

すると、離れるプレート境界は、回転の極から見たとき、極を通る大円（経度線）と一致し、ずれるプレート境界は、その経度線に直交する小円（緯度線）に相当します。大西洋中央海嶺などは、離れる境界とすれちがう境界がジグザグに隣接して存在することが明らかになっていましたので、この例として使えるわけです。

ちなみに大円、小円というのが聞き慣れない用語かもしれません。幾何学で球を輪切りにすると、断面は円となります。中心を通る断面を採用したときに最も大きな円となるので、それを大円と呼びます。中心を通らない円はすべて大円より小さくなりますので、それを小円と呼びます。

昔、子供たちにとって、夏の暑い日の冷えたスイカはとんでもなくうれしいご馳走でした。子供のたくさんいる親は大変な気を使います。包丁を持ち出して切るときに、スイカの中心を通る大円で切り分けないと兄弟喧嘩となってしまいます。生活の中の大円の例ですね。

さて、経度線が最低三本あれば、その交点が極です。二本から帰納的に仮定される極、三本目を検証するための線とすると、論理的には最低三本必要です。正確に極を決めるためには、経度線がそれ以上多ければ多いほどいいわけです。緯度線だけのときはそれに直交する経度線を仮想し、同じように極を求めればいいことになります。これで極は求まります。

次は角速度です。それは、極からの緯度の違いによって表面での速度が異なることを使います。離れるプレート境界である海嶺から、ある地点がどのくらいの速さで遠ざかっているかを知り、それを回転の角速度に換算すればいいわけです。ではその速さをどうやって知るか。速度とは距離／時間ですから、たとえば、海嶺はゼロ年とし、海嶺から直交して一〇〇キロ離れた海洋底の岩盤の年齢が一〇〇万年前のものだとすると、一〇〇キロ／一〇〇万年ですから年間一〇センチの速さで離れていることがわかります。そこで最後の関門として、海洋底の年齢を知ることが鍵となります。

海洋底のバーコードと年齢

海洋底の年齢を知るには、直接海底に潜って、あるいはバケツでも降ろして岩石を採集する、あるいは掘削して岩石をとって年齢を計ることが直接的です。しかし、それが本格的に展開されはじめるのは一九七〇年代に入ってからでした。直接岩石が得られない場合はどうしたのでしょうか？

その最大の武器となったのが、これまた岩石と磁石の関係でした。地球は巨大な磁石であり、岩石はかつての地球の磁場の化石であると記しました。それが大陸移動説復活の序幕となったのでしたね。先ほどの復活の物語は極を求めることでした。今度は、年齢を求めます。

地球の磁場は、かつて北極と南極が現在とは反対であったことが何度もありました。磁場が逆転していたときには、たとえばコンパスを持って北へ向かって歩いていると思ったら、それが今でいう南へ向かってしまうということです。

ところで、この地球磁場逆転の大発見は、日本人によってなされました。一九二九年ですから、まさにウェゲナーが大陸移動説を唱えた『大陸と海洋の起源』第四版出版のときに、京都大学の松山基範博士によって提唱されました。この大発見に対して、第一次南極観測隊隊長を務めた東京大学の永田武教授は懐疑的であり、なんとか反証しようとしたといいます。そのことは永田教授の直弟子であった上田誠也氏によって詳しく語られています(7)。

一九六〇年代、海洋観測の際に、船は地磁気を計りながら進みます。そして、海嶺から離れていくと、地磁気の強度がバーコードのようにリズミカルに変化することに研究者は気がつきました。しかも、それは海嶺を挟んで鏡で写したように対称になっています。

地磁気の研究者は、当然、地球磁場の逆転という新しい大発見とそれが地質時代を通じてどのような歴史を持つかを陸に残っている岩石の研究から知っていますから、観測の事実と海洋底拡大説を結びつけると、そのリズミカルな変化が、海洋底の年齢を示すという重大な仮説に思いいたったはずです。海洋底の地磁気の縞模様は、あたかもテープレコーダーのヘッド（海嶺）が音を記録するように、地球の磁場を記録したことがわかったのです。これはバインとマシューズのテープレコーダーモデルといわれ、バーコード合わせをすると年齢がわかるというわけです。一九六三年のことでした。

このように、一九六〇年代には、地質時代における磁場の逆転の歴史がおおまかにわかってしまいました。地質時代と合わせてみると、バーコードのように正逆を表すことができます。なぜ地磁気が逆転するのか、物理的な原理はきちんとわかっていませんでしたが、不動の事実として認められていました。いまではスパコンを使って再現計算が盛んにされているようですが、たとえば白亜紀後期という、今から一億二〇〇〇万年前から八〇〇〇万年前頃に、地磁気の逆転がまったく起こらなかった時代があったり、また逆に頻繁に逆転した時代があったりすることの理由については、いまだ完全な理解に到達してはいないようです。

これでプレートの運動を解明するためのすべての道具がそろいました。そして瞬く間に地球の主要なプレートの相対運動の記述ができてしまいました。その運動をプレートテクトニクスと呼ぶようになったのです。この研究成果には多くの人の貢献がありましたが、プレートテクトニクスという命名は、フランス人のザビエル・ル・ピションによるということになっています。

プレートの絶対運動

プレートテクトニクス理論の仕上げは、地球の自転軸のような安定的に固定されている座標に対して、どうその運動を記述するかです。プレートの絶対運動を知るということです。それには、長期間にわたって固定されていて、プレートの相対運動とつないでくれるものがあれば有効です。

プレートテクトニクスでは、三つのプレート境界を定義しましたが、絶対運動にとって重要な、地球上の火山とプレート境界の関係を見ていきましょう。少し複雑ですが、地球上には、プレート境界と関係する火山活動が二つ、無関係な火山活動がひとつあるように見えます。まず、プレートが離れて新しい海洋底が作られる海嶺に多くの火山があります。海底が割れて、下からマグマが上がってくるのですから、これはわかりやすいでしょう。二つめは、プレートのぶつかるところ、とくに海洋のプレートがもうひとつのプレートとぶつかり、マントルの中へ沈んでいく、日本列島のようなところに火山活動があります。なぜぶつかるところで火山ができるのか、なかなかわかりにくいかもしれません。その後多くの論争にもなるのですが、とにかくぶつかる境界に火山活動が関係しているのです。すれちがうプレート境界には、基本的には火山はありません。

そしてもうひとつの火山は、プレート境界と全然関係のないところにあります。典型的にはハワイのような火山で、このようなところをホットスポットといいます。東日本大震災での福島原発爆発によって放出された放射能汚染数値が高いところをホットスポットと呼んでおり、そちらの方が今では一般的にはなじみがあると思いますが、地球科学では本来、ハワイのようなところを指す言葉です。

ホットスポット軌跡

ハワイ列島は、西北西の方向に延びていて、その一番東端のハワイ島だけに活火山であるキラウエア火山があります。それより西のオアフ島などの火山は、すべて今は活動を止めています。そして西へ行くほど規則的に時代が古くなることがわかっています。ハワイ列島の一番西端は、日米の太平洋戦争で大海戦があり、山本五十六率いる連合艦隊が大敗北を喫したミッドウェーです。実はそれより先に島はないのですが、海に沈んだ島が方向を変えて北北西へ続き、カムチャツカ半島沖の海溝に没しています。これらの海底火山は、海洋底拡大説を提唱した一人であるディーツによって一九五四年に発見され、天皇海山列と名づけられました。ひとつひとつの海山に歴代の天皇の名がつけられています。この天皇海山列も、北北西へいくほど年代が古くなっているのです。

この島列・海山列が直線的につながっていることと、ハワイ島から離れるに従って古くなるという事実を説明するために考えられたのが、ホットスポット説でした（図3-6）。カナダのウィルソンによる説です。ハワイ列島と天皇海山列は、地球深部に固定された点から湧き上がってくるマグマの上を、太平洋のプレートが通過したことによってできた軌跡であると考えると、直線的であることとハワイから離れるに従って古くなることが説明可能となります。地球上にはハワイだけではなく、他に

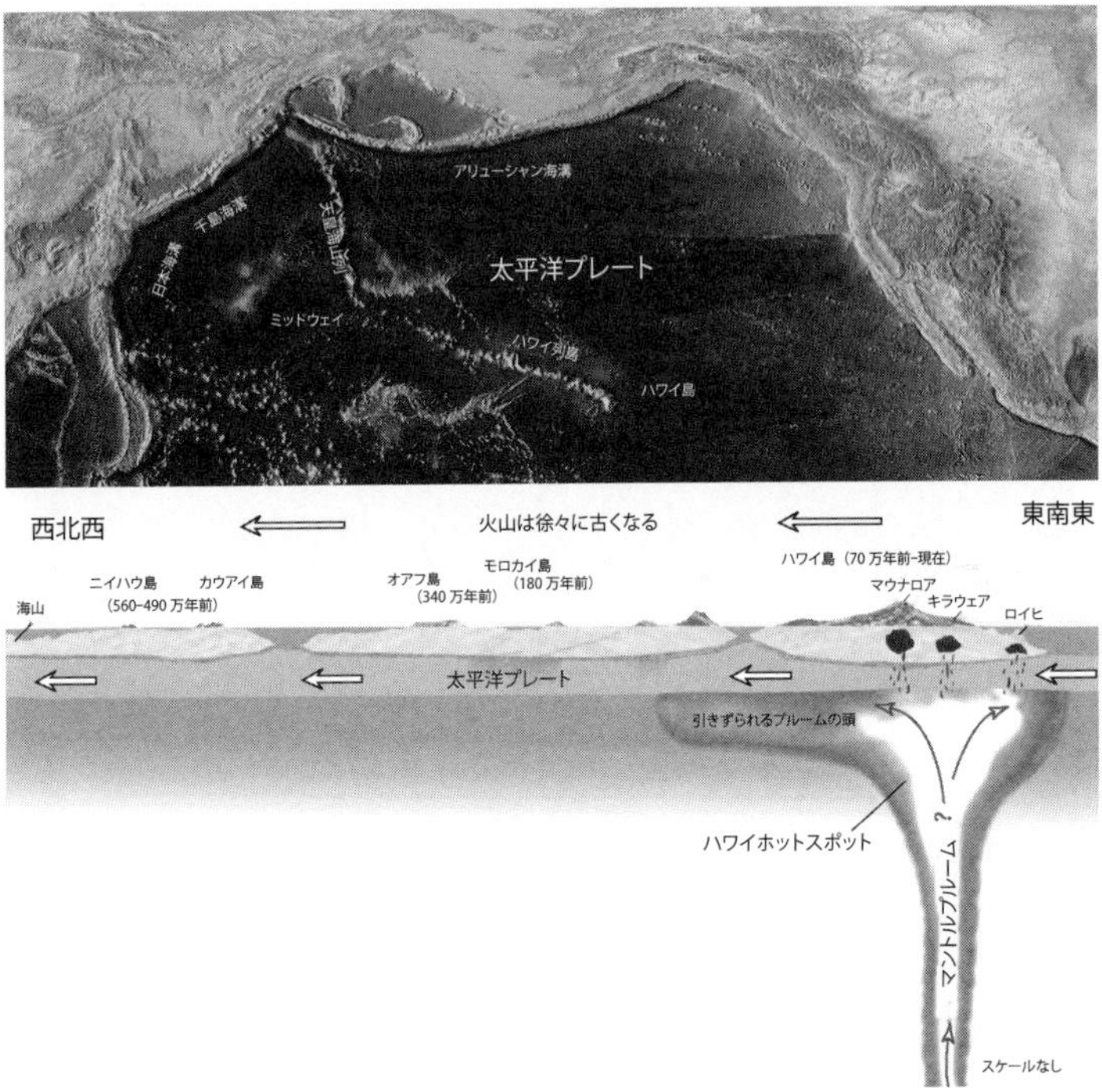

図 3-6　ハワイホットスポットと太平洋プレートの運動の軌跡（上図：http://www.ngdc.noaa.gov/mgg/image/2minrelief.html より改変，下図：http://en.wikipedia.org/wiki/File:Hawaii_hotspot_cross-sectional_diagram.jpg by Joel E. Robinson, USGS より改変）

もこのようなホットスポットがたくさんあります。そしてそれらの軌跡からホットスポット同士の位置関係を考えると、プレートは時代とともにどんどん移動しているのに対して、ホットスポットはほとんど動いておらず固定している、というわけです。そして、このホットスポットを基準として使えば、プレートの絶対的な運動がわかるということが、解き明かされたのです。

　こうして、依然としてプレート運動の原動力に関しては完全に答えが詰まりきっていたわけではないのですが、プレートの運動記述としてのプレートテクトニクス理論はほぼ完成にいたりました。

ここで記した一九六〇年代のプレートテクトニクス革命を、地質学対地球物理学の対立の構図として描き出し、地質学の敗北・地球物理学の勝利として単純化する見方もあります[4]。しかし、それは正しくありません。そのような地質学か地球物理学かという二項対立を、その研究者が若いキャリアの時期に何を学んだか、ということを基に判断しようとすれば、両者がいるからです。たとえば、本書で大陸移動説から海洋底拡大説にいたる過程で取り上げたホームズやヘス、ウィルソンなどは、古典的な意味での地質の調査に精力的に従事していました。そしてその後、地球物理学の勉強をこなし、両者を融合させるのです。また、ウェゲナーは気象学者であったので地球物理学者の範疇に入るのでしょうが、地質学や他の地球物理学的観測への造詣と興味が大変深い人物でした。すなわち、プレートテクトニクス革命を担った研究者たちには、地球物理学だ、地質学だなどという垣根は存在しなかったのです。あったとしてもそれを乗り越えたところで革命が起きたということが、最も重要な歴史的教訓なのです。このことは都城秋穂氏の『科学革命とは何か[8]』でも強調されていることです。

私が一九九〇年、カナダのモントリオールに滞在したときのことです。その頃のカナダは、フランス語圏のケベック州が独立するかどうかの論争のまっただ中でした。セミナーを開くと、最初英語で議論していたのが、いつの間にかフランス語となります。それが彼らにとってなんの不自由も感じていないようなのです。おまけに地球物理学的議論も地質学的議論もどちらもこなします。

セミナーの席にはアメリカ人もいました。そして、酒の席でケベックの独立をめぐって大げんかがはじまりましたが、カナダのオンタリオ州とケベック州の境界のオタワで生まれ育ったという一人の院生が、英語とフランス語をまじえながら静かになだめはじめました。場が一気に和み冷静になりました。その彼に、二つの言葉をスイッチして使うことにストレスはないのかと尋ねましたが、彼は生まれたときからその環境にいるので何のストレスもないと答えました。両者の言語のみならず文化を理解するバイリンガルは凄いと感心したものです。そのとき私の心によぎったのは、なぜか、プレートテクトニクス革命のときの科学者たちは、地球物理学と地質学のバイリンガルであったのだという思いでした。学びはじめる最初から、両者をこなせるようにならなければならない。日本では、そうなってはいないという思いでした。

科学革命の時差

一九六〇年代末に成立したプレートテクトニクスを、日本の地質学界が全体として受容するようになったのは一九八〇年代初頭です。そこに一〇有余年に及ぶ時差がありました。明治時代の地質学の輸入に時差があるのは仕方がないとしても、二〇世紀も後半となり、日本社会が高度成長を歩みはじめた時期になってからのこの時差をどう受け止めるかということは、科学史的にも興味深い事象と見なされています。

この原因について、日本の戦後の地質学界における左右対立の政治的状況が大きく影響したという論が多くあります（たとえば都城前掲書[8]、泊前掲書[1]）。この論は、私の経験に照らしても正しいであろうと思います。しかし、一方で科学の進展とは、政治的状況に左右されてしまうほど脆弱なものであったのかとも思います。であるとしたら、その科学の何が脆弱であったのかを考えなければ、この遅れを総括し、未来につなげることにはならないでしょう。すでに半世紀のときが流れているのですから、その後の展開とあわせると答えが見えてくるはずです。

私は、このプレートテクトニクス革命という科学のパラダイムシフトにおいて、全国津々浦々で同時的に発生した数多くの矛盾に共通して流れる、日本の地球科学や地質学の脆弱性とは何であったのかということに、その後の展開も含めて関心を持ち続けてきました。

日本地質学界の北の風景

一九七〇年代、日本に本格的にプレートテクトニクス革命が上陸したときはちょうど、私が理学部へ進み、大学院へ進学するときと重なりました。第一章で記した古典地質学の訓練を受けて、いよいよ研究者として一人前になる道へ入ったのです。すでにプレートテクトニクスに関しては知っていましたから、それについての理学部の先生たちの意見・対応も良く理解しました。

北海道大学理学部の地質学鉱物学教室には五つの講座がありました。石川俊夫教授（後に勝井義雄教授）の岩石学第一講座、湊正雄教授の層位古生物学第二講座、船橋三男教授の鉱床学第三講座、八木健三教授の鉱物学第四講座、そして当時は空席でしたが、後に棚井敏雄教授の燃料地質学第五講座です。その他に、教養部地学教室がありました。この組織構造は、東京大学にきわめて類似していましたので、それに倣って作られたことが良くわかります。

日本の地質学教室は、最初、東京大学に作られ、次に東北大学、さらに遅れて、北海道大学などに作られました。その歴史を反映して、最初、北海道大学の教室は、東京大学と東北大学出身の教授たちが第一世代を担っていました。私が学部に進んだ一九七一年頃は、すでに第三〜第四世代だったでしょう。それらの中で、古典地質学に基づく日本列島の造山運動として湊正雄教授がまとめた東北地方の「阿部族造山運動」と、船橋三男教授と教養部地学教室の橋本誠二教授がまとめた「日高造山運動」は、北海道大学地質学鉱物学教室の目玉研究でした。とくに日高造山運動は、日本列島の中で最もアルプスの造山運動に似た美しいストーリーで、その頃の高校地学の教科書にはすべて載っていました。

古典地質学では当初、アルプス山脈などの地球上の大山脈の形成は地球収縮によってできたシワで説明されていましたが、その後、同じ場所での大規模な垂直的な上下運動によって説明されるようになっていました。大陸移動説による説明は支持を受けていなかったのです。地球内部に向かって大きく凹んでいく場所は「地向斜」と呼ばれていました。「地向斜」はまず陸と海の境に形成されます。続いて「地向斜」には大量の堆積物がたまる。これが地下深部まで持ち込まれると、地球内部の熱によって変成作用が起こり、やがてマグマも発生する。そうすると沈んでいた「地向斜」は沈降から一転、上昇へ転ずる。そしてやがてそれは山脈へと成長する、という物語で、「地向斜造山運動」と呼ばれていました。第二次世界大戦後、それまでの地質調査の結果得られていた岩石や地層の順序、わずかに得られていた化石による地質時代の推定によって一九五〇年代に組み立てられたストーリーでした。湊先生の講義では、繰り返し、黒板一杯を使って得意げにその話が展開されました。

世界ではプレートテクトニクス革命が起きていた一九六〇年代に、日本の地質学界は、日本列島形成論をめぐってこの「地向斜造山運動」が花盛りでした。上述の日高造山、阿部族造山を含め、本州造山、四万十造山、グリーンタフ造山などは、すべて地向斜造山運動によって説明されていました。そして、それらを推進する研究者は、お互いに議論を繰り返しながら、「日本列島地質構造発達史」を集約していったのです。一九六五年、北海道大学の湊正雄、船橋三男、そして東京教育大学の牛来正夫を編集者として、通称〝Japan〟[9]と呼ばれる英語版の大著が発行されました。また、その日本語版として、一九七〇年、市川浩一郎（大阪市立大学）、加藤誠（北海道大学）、藤田至則（東京教育大学）編集による『日本列島地質構造発達史』[10]も発行されたのです。

戦後、日本の大学制度の大規模改革によって、全国の旧制高校がすべて大学となり、地質学に携わる多くの研究者が生まれていました。また、戦後民主主義の勃興を反映し、戦前の東大中心の学界運営を打破しようとする運動が盛り上がりました。戦争を生き抜いた若い研究者たちが、学界民主化を旗印に、地質学界に地学団体研究会（略して地団研）を創設し、「国民のための科学」を掲げて科学運動を起こしました。先の〝Japan〟や『日本列島地質構造発達史』は彼らの創造活動（研究活動）という位置づけで、科学運動の集大成としてまとめあげられたものでした。そして一九七〇年代初頭には、地団研は「Japanを乗り越えよう」という新しいスローガンを掲げ、新たな創造活動を開始していました。北海道大学の地質学鉱物学教室は、この戦後の状況を反映して、初代の地団研会長を出すなど、この地団研の中心にありました。

さて、私は四年生になり、卒業論文をどの講座で書くのか選択しなければなりません。私は岩石鉱物関係ではなく、地層を扱うところへ進もうと思っていたので、選択の範囲は理学部ならば湊正雄教授の第二講座か、当時は空席であった第五講座、あるいは教養部地学教室となります。先輩方にいろいろ相談すると、それぞれにネガティブな意見とポジティブなコメントが寄せられます。湊正雄先生は、強烈な個性を反映して、全国、とくに地団研の人たちからはカリスマ的存在と見られていました。しかし、北海道大学の内部からはさまざまな摩擦と衝突があるように聞こえてきます。とくに先生の講座にいて、湊先生の著書として有名であった『湖の一生』に魅せられて、実際に北海道の厚岸湖や網走湖の底の堆積物研究をしていた先輩からのコメントがありました。先生と異なる意見を持ってしまうと、就職も妨害されるというのです。強烈な批判は、ある意味大変なショックでした。

結局、私は教養部地学教室へ行くことにしました。教養部は、戦後大学改革の際に、アメリカのリベラルアーツ教育重視によって設けられたものでした。リベラルアーツとは、人間が自由になるためには広い知識と学芸に通じていなければならない、という意味を持つ言葉です。しかし、実際はその理念は一部にしか根づいておらず、いわば理学部が本家、教養部は分家のような存在でした。それでも、教養部には教授が複数いて、地質学でも岩石学から層序系まで分野横断型の組織となっていました。学生が何をやるかは自由放任的でもあったのです。でもそれは逆説的には指導はしないということです。火山を研究する院生、化石を研究する院生、岩石を研究する院生など、メンバーも雑多です。先輩や後輩も関係なく良くお酒を飲み、本当にお互いに良く議論しました。

プレートゲリラセミナー

自由放任的であることを逆手に取って、私たちは、講義などでは一切教えられていないプレートテクトニクスを本格的に勉強し直すところからはじめました。手はじめに、岩波の「科学」に連載されていたプレートテクトニクスに関わる論文を、すべて原典にあたってフォローするというやりかたをとりました。

そのセミナーをしているある日のことです。橋本誠二教授が、その場に入ってきたのです。

「何をしている?」

「勉強会ですが…」

「何の勉強会だ?」

「……」

誰がなんと答えたか記憶にないのですが、橋本教授は湊正雄・船橋三男教授とはいわば同志です。もちろんプレートテクトニクスは絶対に認めないことをふだんから明言していました。橋本先生は「日高造山運動」を船橋先生とともにまとめた先生であり、それにあたっては湊先生と密接な議論をしていたことは、講義の中でもたびたび強調されていたのです。

私たちは、船橋先生は大変温厚な性格なのに対し、湊先生の激しい個性とそのために摩擦が起こりやすいことを聞いていましたから、これはまずいと思いました。また橋本先生の性格と、先生に毛嫌いされたら大変ということも知っていましたので、このセミナーは「地下に潜る」ことにしました。私たちはほとんどいつも泊まるようにして研究室にいましたから、セミナーの前日は皆大学に泊まり、朝六時ないし七時から早朝セミナーをすることにしたのです。橋本先生は決まって朝九時頃に現れ、まずはコーヒーを入れ一時間ほど懇談するというのが日常でしたので、見つからずにすみました。

私たちはこの早朝プレートゲリラセミナーを続けながら、その勉強の成果を自分たちの研究へつなげはじめました。そもそもこれがセミナーの目的であったわけです。

ターゲットは「日高造山運動」の全面見直しです。日高造山運動はすべての高校教科書にも記されているような理論ですから、大変影響も大きく、その分抵抗も大きいことは十分理解していました。

学会のあるべき姿

地質学界の中で地団研のことは先に記しましたが、この時期、日本地質学会では、大学院生を評議員にするという「民主化」を進めていました。北海道大学からは宮下純夫氏（後に二〇〇八〜二〇一二年の地質学会長）が大学院生の評議員として出ていました。当時はオーバードクター問題といって、博士の学位は取ったけれど職がないという問題がありました。最近のポスドク問題の深刻さの比ではありませんでしたが、その当時は大変深刻でした。その解決を訴えるというのが私たち大学院生評議員の役割でした。宮下氏の後に、私にやれ、というお鉢が回ってきました。北海道から東京への旅費は全国の院生のカンパなどで賄うというのです。博士課程の二年のときでした。学会のときくらいしか北海道を出たことのない私にとっては、決意がいりましたが、引き受けることにしました。

そして参加する以上は発言しなければならないと思い、東京での評議員会では、院生の窮状と、学会に院生会費を設けて欲しいこと、また就職支援をして欲しいことなどを訴えました。すると、「院生でも一人前の研究者と認めてもらいたいならば、会費は一人前払え」とか、「そもそも研究とは手弁当で持ち出してやるもの、皆そうやってきた」とか、とても「民主主義」の担い手と思えないような意見が次々と飛び出すのです。

あげくの果てには、評議員会の後の懇親会のお酒の入った席で、東海大学の星野通平教授が赤ら顔でよってきて尋ねるのです。氏はプレートテクトニクスに強く反対し、大規模海水準上昇と地球膨張を結びつける非常に特殊な考えを持つ人でした。

「お前はプレートテクトニクスをどう思う?」

私たちはちょうどゲリラセミナーを開いていたので、

「大変面白く、かつ重要であり、真剣に取り組むべきだと思います」

と答えると、

「お前もか!そんなものを信じているのか」

と一喝されてしまいました。

私たちは、当時の学界についても良く議論をしました。そして、そもそも"Japan"や『日本列島地質構造発達史』とか、「新しいJapan」や「Japanを乗り越えよう」とか、プレートテクトニクスに肯定的であろうが否定的であろうが、あるひとつの考えでまとめようとするのは間違っているのではないか、ひとつのスクールがある学説でまとまるのはもちろん自由ですが、学会全体をひとつの考えでまとめようとするのは、学会という名を標榜するところはやってはならないと思っていました。また政治的な意見についても、学会には多様な意見が存在するものなので、科学を目的とする学会の目的の中に、政治的な意見の一致が入っているのはおかしい、と考えていました。

広がるゲリラ

プレートテクトニクスに対する嵐のような議論が続く中で、私たちはゲリラセミナーを継続するとともに、機会あるごとに他の講座の院生などとも議論を続けました。もちろん出てくる意見はまちまちです。さらに、その頃北海道大学には、閉校となった東京教育大学から多くの院生が移ってきました。彼らの意見もまちまちでした。

私たちは、北海道の日高造山運動を具体的対象としつつ、ゲリラセミナーを続けていたわけですが、教養部の地学教室を卒業し、当時新潟大学にいた小松正幸氏も、その頃日高山脈の研究を続けていました。当時新潟大学は外から見るとプレートテクトニクス反対一色に見えたこともあり、彼のプレートテクトニクスに対する考えが気になったのです。

ところが彼から、私はプレートテクトニクスの線で考えているとの意見が寄せられました。彼は新潟大学では故茅原一也教授とともに独自の道を歩んでいたのでした。そして、一九七八年頃になると、教養部地学教室には卒業研究から大学院へ進む新しい世代が次々と進学してくるようになりました。彼らとともにプレートテクトニクスによる北海道の新しい形成過程を探る研究が本格化しはじめたのです。

ゲリラの拡大がはじまりました。私たちは北海道地質構造研究会という、勝手なゲリラ組織を作りました。一応代表は小松正幸、事務は私ということになりました。

そして、夏にフィールドで集まるときに泊まり込みの討論の場を作り、酒を酌み交わし、議論に明け暮れました。こうして一九八〇年前後に、ようやく北海道の形成過程を新しく組み直すことができ、相次いで公表することができたのです。

研究者たちとの遭遇

私がはじめて海の研究に出会ったのは、一九七六年のことでした。当時の地質調査所（現在産業技術総合研究所）の海洋地質部が、日本列島沖の海底地質図作りのために大学院生のアルバイトを求めていました。先輩で地質調査所に職を得ていた湯浅真人氏から、誰かいないかと声がかかりました。これは面白い、と直ちに手をあげました。函館で乗り込んで北海道沖で一カ月、調査船「白嶺丸」の上で過ごすのです。航海の首席研究者は本座栄一氏でした。

アルバイトの作業は、ドレッジで上がってきた石を分類したり、計ったり、またピストンで採集した堆積物の記載を手伝ったりすることでした。地質調査の訓練を受けている人ならば、どうということはない仕事です。

それよりも、地質調査所にできたばかりの海洋地質部の研究者たちに接することの方がよほど新鮮であり、大いに刺激を受けました。その中に、後にともに研究をすることになる故玉木賢策氏がいました。東大工学部の資源学科を出て、公務員試験を通過して入所し、私より二歳だけ年上でした。本座栄一氏の下で、反射法によるデータを解析し、地質構造を解釈していました。北海道沖合の千島海溝から日本海溝にいたる前弧域の構造のデータが、手に取るように上がってきて、それに次々と解釈を入れていく。大変感心するとともに、こうやってプレートテクトニクス革命を成立させた海洋底の観測がなされていたのだと実感したものです。

航海の最後は東京湾へはいりました。館山沖に停泊し、入港待ちとなったとき、本座さんを先頭に釣りがはじまりました。鯖の大漁です。それを刺身にして即刻、酒盛り。そのうまさは格別でした(ただ、そのあと少々腹の具合が…)。鯖の刺身は気をつけなければならないことも身にしみましたが、航海の経験は私のその後の研究方向に大きな影響を与えました。

また、北海道大学へやってくる集中講義の先生方にまとわりつき、質問をしました。湊正雄先生は一九七五年春に定年退官されており、第二講座を引き継いだ加藤誠先生は、大変穏やかで優しい先生でした。古生代の化石の研究をしている加藤先生と旧知の勘米良亀齢先生が九州大学から集中講義にやってこられました。第二講座の宴席までおじゃまして、講義に関する疑問をたくさん質問しました。勘米良先生は、日本の地質学者の中でいち早く、地向斜とされていたものが付加体であることを明快に示し、日本列島の形成をこの付加作用によって説明していました。付加体とは、後に述べるように、プレートとともに遠くから運ばれてきた堆積物が、海溝の堆積物と混合し、日本列島に付け加わったと考えられる地質体です。古生代のフズリナという化石の研究で業績のある先生でしたが、テクトニクス研究へ転換した理由を、目を悪くして顕微鏡をのぞけなくなったこともあるかな、と言っていたことは大変印象的でした。

また、九州大学は他の地質学者も進んでいました。北海道のアンモナイト研究で有名な松本達郎先生の講座出身である岡田博有先生も、北海道の研究でいち早くプレートテクトニクス的解釈をしていました。旧帝国大学の地質学教室の地層や化石を研究する教授たちが、ほとんどすべてプレートテクトニクスに懐疑的ないし批判的であった中で、唯一九州大学だけが、明快にプレートテクトニクスを支持していました。

地球物理教室が当時の東京都立大学地理学教室の教授、貝塚爽平先生を集中講義に招きました。そのとき、私はもう学位直前で、北海道は最終的に千島弧の衝突によってできたという貝塚先生の学説の上に、自分の学位論文をまとめることにしていました。その研究成果を持っていき、議論して欲しいと申し出ました。先生は大変驚かれ、そして「君の話はぜひ、中村一明さんと松田時彦さんに聞いてもらいなさい」と言ってくださいました。

やがて、今度話を聞きたいから東京に出てこないかとお声をかけていただきました。中村一明、松田時彦、貝塚爽平、宇井忠英、小林洋二の諸先生や院生等のいる前で話をしました。

すると中村一明さんから鋭い質問が飛び出しました。

「君の話は貝塚さんの話と何が違うのかね？」

また、

「岡田博有さんの話とはどう関係するのかね？」と。

私は、貝塚先生のテクトニクスは基本的に正しいが、変動の時定数や地質学的実態が乏しいことなどを緊張しながら、縷々質問に答えました。

そして一九七九年には地質学会で、新第三紀から現在にいたるテクトニクスをめぐるシンポジウムが開かれました。テーマは「垂直と水平」です。このタイトルは地向斜かプレートかということを意味しています。私は、北海道のテクトニクスに関する新しい話をすることとなりました。まだ、職もない身分ですから、相当に覚悟のいることでした。なぜならプレート大嫌いの教授に睨まれ、就職妨害をされたら職は得られない可能性もあったからです。「清水の舞台から飛び降りる」とはこのようなときの心境なのでしょう。少々の議論はありましたが、言いたいことが言え、爽やかなものとなりました。

海洋研究所共同利用

その頃から、東京大学の海洋研究所が、共同利用としてシンポジウムを開くようになりました。プレートテクトニクス革命は、圧倒的に海の研究だったということもあり、プレートテクトニクスに関するシンポジウムが次々と開かれました。

一九七〇年代のプレートテクトニクスに基づく日本列島論は、既存データの再解釈によって説明し直したものでしたが、七〇年代終わり頃から、新しいデータの蓄積による理論の組み替えが、新しい世代によって次々と提唱されるようになったのです。戦後生まれの団塊の世代は、そのような中にいたのでした。海洋研究所の共同利用シンポジウムは、それらを持ち寄り議論する絶好の機会となりました。大学院生であろうがなかろうが旅費と滞在費が支給され、徹底した討論の場を提供したことは、その後の研究の発展に計り知れない貢献となりました。若い研究者の相互交流が進むとともに、全国の大学において、私たちと同じようにゲリラ的な研究活動が展開されていることが手に取るようにわかったのです。

海洋研究所は中野区にあったので、シンポジウムの後には、新宿まで繰り出し、大いに盛り上がったものでした。もっとも、それでせっかく支給された旅費は持ち出しとなってしまったのですが。

放散虫革命

日本の地質学界における遅れたプレートテクトニクス革命を考えるときに、やはり「放散虫革命」

を見過ごせません。放散虫とは、珪酸塩の殻を持つ動物性プランクトンです。生きているときは、海面近くに浮遊しているのですが、死ぬと海中を落下していきます。その落下の様はマリンスノーと呼ばれ、海中であたかも雪が降るように見えます。そしてやがては海底に降り積もり、地層となるのです。

私たちが学生の頃に、海で堆積した堆積岩の薄片を作り、顕微鏡で観察すると、丸い形をした放散虫の化石がよく見つかりました。実験をしている教員には、「それは単細胞動物だから進化しない。いつの時代もまん丸だ」と言われていました。

地層の降り積もった時代を決めるには、地質学では長い間、もっぱら化石を使って決めていました。地質時代によって地層に含まれる化石が異なるからです。そのことが、ダーウィンの進化論をもたらす重要な根拠となったことはあまりにも有名です。しかし、その化石は、一九六〇年代より前は、大型化石と言って、貝殻やアンモナイト、大きなものでは恐竜など、とにかくはっきりと目につくものだけが時代判定に使われていました。しかし、そのような大型化石は、まれにしか産出しません。そのまれにしか産出しない化石を含む地層の時代を使って、化石を含まない地層の時代を推定してきたのです。

その推定の根拠は、第一章で紹介した、地層は降り積もる順番によって古い、新しいが決まるということです。三枚の地層が降り積もっているとします。一番下の地層が、ある時代を示す化石Aを含むとします。一番上の地層にはAよりも新しい時代の化石Bが含まれているとします。化石Aと化石

Bを比べたときに、AはBより古い化石であることが明らかなので、真ん中の地層は化石Aの示す時代と、化石Bの示す時代の間の時代と推定できることになります。世界中の地層の時代は、そのようにして決められてきたのです。ですから、大きな化石をまったく含まない地層の時代は、実は推定であったわけです。

一方で地層の中には、放散虫の他にも、有孔虫とか珪藻とか殻を持ったプランクトンの化石がたくさん含まれる場合が多いのです。それらは単細胞ですが、もし大型化石と同じように時代とともに進化し、形を変えていれば、ある時代に特徴的な化石が存在し、時代判定に使えるということとなります。頭の回転が悪い人に「単細胞!」という悪口を言ったものですが、「単細胞でも進化するはずだ」というわけです。

放散虫や有孔虫、珪藻などの化石のことを、顕微鏡でしか詳細に観察できないことから「微化石」と呼びます。一九六〇年代から七〇年代に、その微化石たるプランクトンの形態が時代とともに進化することが、古生物学者の膨大な努力によって明らかにされたのです。とくに放散虫化石は、チャートという地層に大量に含まれていたので、それまで時代の決まっていなかった地層の年代が次々と明らかにされました。

この時代を決める必要性の動機となったのは、日本列島に分布する地層がどのようなところで堆積したのかに関して、相対立する二つの仮説があったからでした。ひとつは先にも述べたように、長らく信じられてきた伝統的な「地向斜」という場所で、連続して堆積したものという説です。その仮説

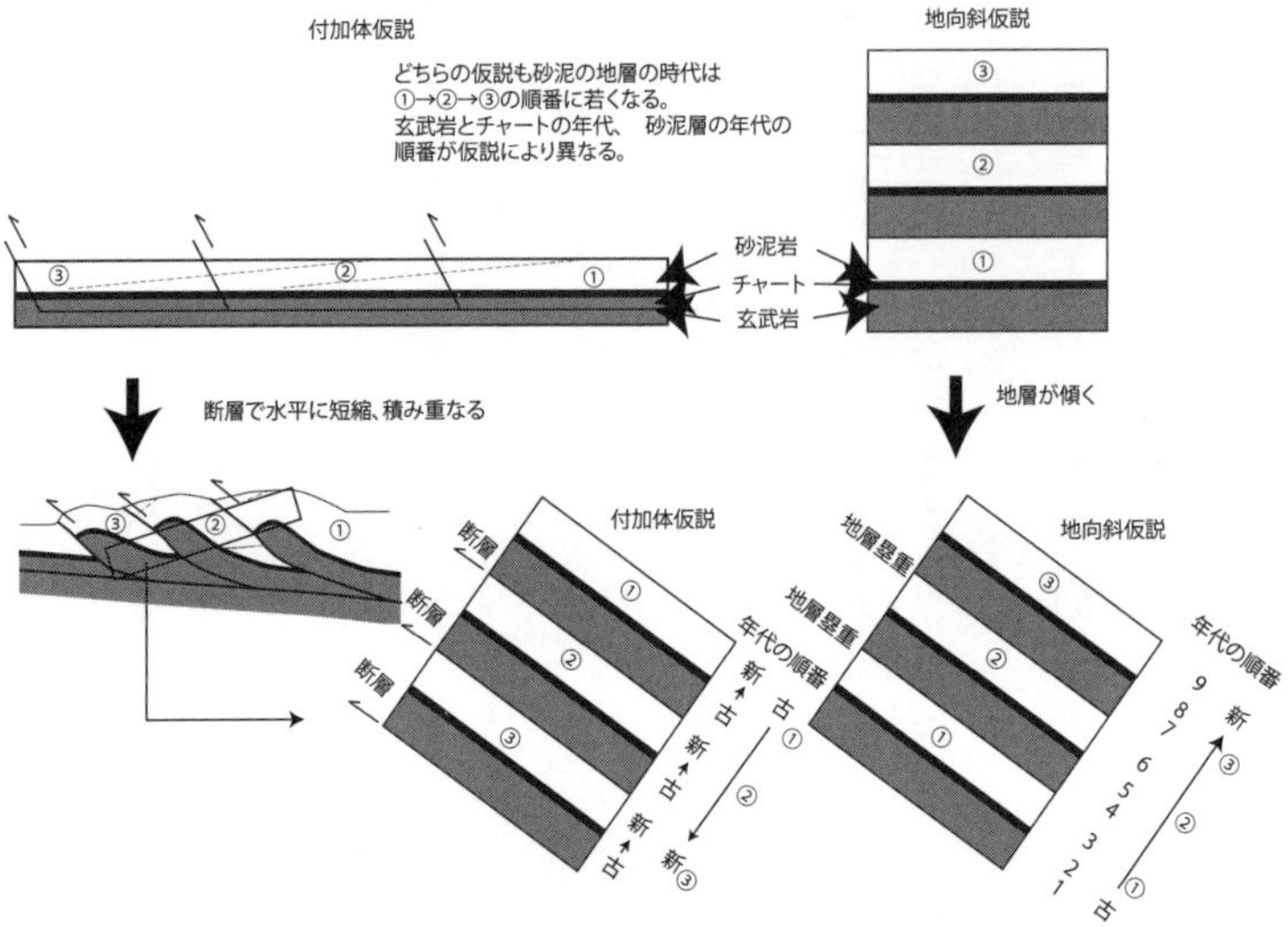

図3-7　付加体仮説と地向斜仮説により予想される年代の関係が異なる→放散虫化石で検証

では、それまで大型化石が出なかった地層の時代は、点在する大型化石の出る地層にはさまる年代になることが期待されます。

新しい付加体仮説

地向斜仮説に対して、プレートテクトニクスに基づいて海溝近傍で厚い堆積体が構造的に積み重なるという新しい仮説、「付加体仮説」が提案されていました。図3-7を見てください。

地向斜では、地層などが積み重なっていると、すべてその場で累々と降り積もったと考えました。堆積岩だけではなく玄武岩などの火成岩が露頭で産出しても、玄武岩が地層を貫いているのではなく平行に積み重なっていると考え、同じ場所で堆積と火山の噴出が繰り返されたと解釈したのです。チャートなどのプランクトンの化石だけからなる地層が玄武岩の直上に産出しても、それは玄武岩の噴出の後に陸からの砂や泥が供給されない環境が現れたのだとしたのです。大きな化石がまれに見つかると、それを手がかりに、化石の見つからない間の地層の時代も推定しました。プレートテクトニクスが登場して、現在の地球のどこが地向斜か、との地向斜探しが一時期なされました。そして地層の堆積と玄武岩の噴出を繰り返すのは、日本海のような大陸と火山列島の間の海（縁海とか、火山の弧状列島の後ろにある海ということで背弧海盆などと呼びます）ではないかとの考えが強調されたこともありました。そう考えると、堆積も火山の活動も同じ場所で繰り返すという地質学者が長い間観察して疑いを持たなかった解釈と調和をとることができるわけです。

しかし、「付加体仮説」は、このような妥協的な説明では許しませんでした。玄武岩は海洋底の破片であり、チャートなどプランクトンの化石が主要な構成物である遠洋性堆積物は、現在の地球を見ると、陸から遠く離れた深海底に降り積もっています。すなわち、玄武岩とチャートは海洋底の層の積み重なりそのものに思えるのです。それが陸上の露頭では砂岩・泥岩とともに繰り返して積み重なっているように見えるのは、玄武岩と砂岩・泥岩の間に、気がつかないけれども層に平行な断層があるに違いないと考えたのです。そしてそれらが構造的に積み重なったことにより、地層が繰り返しているという説明をしました（図3-7）。構造的に積み重なるとは、断層や褶曲によって、本来は薄い地層が水平方向に短縮し、鉛直方向に重なってしまうということです。このときに注目すべき現象は、地向斜仮説が求める不整合ではなく、積み重なるために重要な断層の存在と、同じ地層が繰り返しているという証拠です。

「付加体」仮説に基づくならば、地層は鉛直方向に降り積もるのではなく、断層によって積み重なるので、地層にはさまれる玄武岩という海洋底の基盤岩が一番古く、チャートなどのプランクトンが降り積もった地層が次に古く、砂岩や泥岩など陸起源の堆積岩が一番若くなることが予想されたのです。仮説から演繹的に年代が推定されたわけです。

そして、大量の微化石を処理して地層の年代を決めた結果、付加体説の予想と一致し、軍配があがりました。この過程を通じて、プレートテクトニクスに反対する雰囲気が強かった地質学界の空気が、一気にそれを認める方向へ変わることとなったのです。そこでこの転換を「放散虫革命」と呼ぶようになりました。

放散虫革命の科学方法論とその意義

この「放散虫革命」を科学方法論的に眺めると、地質学における科学の特徴が見えます。付加体説が勝利するまでの「地向斜」仮説時代には、地層の積み重なり方を地殻の変動に結びつけるための最も重要な認定すべき現象は、傾斜不整合でした。傾斜不整合とは、地層の積み重なり方に欠損があるだけではなく、一度陸上に顔を出したことにより、そこに浸食された痕跡があることを認めることです。海の下で堆積した地層が陸に顔を出したということは隆起した証拠です。そのとき、地層は傾き、削られます。その後再び沈降して新しい地層が堆積するという順序が想定できます。

その沈降と隆起を示す傾斜不整合に、地向斜と造山運動という上下運動に特化した概念を持ちこむことで、説明していました。そもそも「地向斜造山運動」という概念が先にあり、その概念によって地層の積み重なりを見たという方が、日本の場合は正確でしょう。なぜなら「地向斜造山運動」という仮説自身が輸入されたものだからです。

「地向斜」という考え方は、実は地質学の伝統的自然観である、斉一主義・現在主義的視点から見たときに、問題の多い概念でした。なぜなら、この「地向斜」が現在の地球においてどこにあるのかは必ずしも明確ではありませんでした。大陸と大洋の境界地域であろうとの予想はありましたが、現在の海洋のどこが「地向斜」であると特定できていなかったのです。ですから、プレートテクトニクスの成立過程において、この点が大問題とされました。とはいえ、「地向斜」の概念が提出されたときには海洋底のことがほとんどわかっていなかったので、ある意味仕方がなかったかとも言えます。

また、「地向斜」形成の物理メカニズムも明確ではありませんでした。これも現在の地向斜がどこなのか良くわからないのですから、当然かもしれません。ただ、地向斜の底でマグマが発生し、その浮力で山脈を作ることは、物理的に大変難しいという指摘はすでにありました。たとえば北海道の日高山脈は、その中心部に花崗岩があり、その花崗岩を作ったマグマが浮力によって山を押し上げたと説明されていましたが、その日高造山運動提唱のお膝元におられた北海道大学（当時）の木崎甲子郎氏らは、それは力学的に無理だと言っていたのです。

それに対して、付加体仮説は、プレートテクトニクスに基づいて、海溝近傍で厚い堆積体が構造的に積み重なるというものでした。構造的に積み重なるとは、断層や褶曲によって、本来は薄い地層が水平方向に短縮し、鉛直方向に重なってしまうということです。このときに注目すべき現象は、不整合ではなく、積み重なるために重要な断層の存在と、同じ地層の繰り返しの証拠です。

付加体仮説も日本で生まれたものではなく、プレートテクトニクスを牽引したアメリカ発の仮説でした。しかし、過去の地質体に対しては、アメリカでは地層を再調査したわけではなく、ただ解釈を地向斜から付加体へ変えただけでした。大陸移動説から海洋底拡大説、そしてプレートテクトニクスへと急発展していく中で、多くのアメリカの地質学者は、その延長上として、付加体仮説をさしたる抵抗もなく受け入れていたのです。

日本の地質学界は、当時のソ連と並んで、プレートテクトニクスを受け入れない研究者の多いコミュニティーでした。ですから逆に、「地向斜」仮説が正しいか、「付加体」仮説が正しいかという対立の中で、それらの学説の検証が問題となったのです。

世界的には、先ほど見たように、微化石が年代決定の新しい道具として登場していました。海洋底の年齢を決めて、海洋底拡大説とプレートテクトニクスを検証するためにも求められているものでした。この年代決定のための新しい武器を使って、「地向斜」説が正しいか、「付加体」説が正しいか、を決めることができるようになったのです。

このような仮説検証型でかつ方法が明確な場合、科学のコミュニティーには先陣争いが起こります。また、「地向斜」説の側は守りであり、「付加体」説の側が攻めですから、当然、付加体説の側に立つ研究者が熱心になります。その証明を賭けて大量の化石が抽出されました。その舞台になった地質帯は、それまで古生代の地向斜とされてきた地質体と白亜紀の地質体でした。前者は、大阪市立大学において長年放散虫の化石を研究してきた中世古幸次郎氏や八尾昭氏、またそこに集まった院生・学生たちが取り組みました。白亜紀の地層に対しては、アメリカから帰り高知大学に赴任した平朝彦氏に指導されたチームが取り組みました。そして付加体説が最終的に勝利しました。

この「放散虫革命」は、科学における仮説検証型の構図を持っていたので、その結果から最終的に付加体仮説は証明されたとして、最初にその仮説を導く背景となったプレートテクトニクスをも多くの地質学者が受け入れることとなったのです。

先に述べたように、このプレートテクトニクスの受け入れが、日本ではアメリカや欧米に比べて一〇年以上も遅れたことについて、その後進性の原因を探る科学史的議論が一般的です[1][8]。それらの指摘は正しいものと思います。しかし、そのような負の側面ばかりではないことを注意すべきです。この「放散虫革命」、「地向斜対付加体」論争によって、日本の地質学は、詳細に露頭を観察し、詳細に年代を決める作業を経験しました。それに対して、世界の他の造山帯などでは、解釈こそ変えましたが、それに付随してさまざまなデータ（年代、変成・変形過程など）を詳細に積み上げるという作業を通過しませんでした。この差は、その後のプレート沈み込み帯などの研究において、日本の地質学の大きな利点となったことを学んでおくべきと思います。それについては第五章で記すことにします。

対岸からの風景

一九八〇年前後、「放散虫革命」の真っただ中で、日本におけるプレートテクトニクスの前進に皆が必死になり、盛り上がっていたとき、それに対抗する人たちも必死になっていました。そのことがわかるいくつかの著作がありますので、改めて読んでみました。そこに、その時代の対岸から見た風景があります。

たとえば、井尻正二・湊正雄著『生物と地球の対話[11]』は、すでに絶版となり手には入らないかもしれませんが、貴重な歴史記録です。この本が発行されたのは一九八二年。ときは日本の地質学界で「放散虫革命」が進行し、プレートテクトニクスに基づく付加体仮説が、放散虫による年代決定という新たなデータによって次々と検証されている最中のことです。

著者の井尻正二氏は、第二次大戦後地学団体研究会を組織した指導者であり、一貫してその理論的支柱であった人です。そして、湊正雄氏は先に述べたように、北海道大学におられ、これまた日本の地質学界を代表する研究者であった人です。

この二人が対談という形で議論を展開しています。対談の司会として、プレートテクトニクスに断固反対していた星野通平氏が進行をつとめています。中身はプレートテクトニクスに関することばかりではなく、この二人の出会いから、生物の進化、日本人の起源など、多岐にわたっています。

しかし、当時の科学の流れを考えると、この本の発行の意図は、プレートテクトニクスが放散虫革命によって急速に地質学界に受け入れられ、それに反対する側が急速に劣勢になっていく中で、戦後一貫して地質学界をリードしてきた二人が対談し、巻き返しを図ったものと見ることができます。湊氏は、さすがに良く勉強していたのでしょう、いささか考えが揺らいでいる様子がよく見えます。しかし、井尻氏ははっきりと言い切るのです。

「私はプレート説について、言うべき点が三点あるのです。第一点は、プレート説で、何か地下資源が見つかったかどうか、という点です。この実績なくて、何の新学説か、という気がします。第二点は、地震と火山です。もし、プレート説が正しければ、プレート（岩板）が大陸の下にもぐりこむのですから、地震の震源地は、点ではなくて必ず線か面にならなくてはならない、と思います。同様に、火山もみんな線（割れ目）にならなくてはならないはずです。火山がポツンポツンと点になるのはおかしいと思うのです。第三番目は、プレート説というのは、まだ法則（真理）ではなくて、一種の仮説だと思います。それが実証されて、法則というにふさわしくなるためには、第一に指摘したように、プレート説で地下資源がうんと見つかるということが絶対必要です」（92頁）

そして、三人によるプレートテクトニクスへのこきおろしが続きます。湊氏は、最初は動揺していた様子なのですが、どんどん悪のりをはじめて、ドイツのエピソードまで披露します。「ウェゲナーはいまどんなふうに評価されているのか」と問われて、

「ドイツ国民が、なぜヒットラー伍長のもとで戦争したんだ。われわれはそのまねをしたばかりにえらい目に会った」

「たぶんヒットラーのような運命をたどるのではないでしょうか、ウェゲナーの理論は」（96頁）

と、強烈な歴史観をそこに投影させるのです。

井尻・湊氏をすばらしい研究者と思って尊敬している人が、これを読んだらどう思うでしょうか？とくに、第二次世界大戦で手痛い経験をし、「もう二度と戦争は嫌だ！」と思い、かつ戦後の激しい左右対立という政治状況の中で、アメリカには屈したくないと思っている人が読んだら、です。

言うまでもありません。プレートテクトニクスは、敵のアメリカで生まれた、まだ本当かどうかわからない「仮説」であり、その基となった大陸移動説を提唱したウェゲナーを信じることはヒットラーを信じるようなものだ、と思うでしょう。

このようにして、彼らは科学をめぐる議論の中に、乱暴に政治を持ち込んでいたのです。

井尻氏の指摘する三つの点のうちの第二点は、当時ですらほとんど彼の無知から出ていますが、第一点と第三点は、彼独特の科学方法論から出ています。科学における仮説と検証の繰り返しにより、実証過程をきちんと踏んでいるからこそ、プレートテクトニクスは爆発的な支持を受けて多くの科学者が支持する「科学の革命」となっていたことに目をつぶりたかったのでしょう。対岸からの風景をここに見ることができます。

もうひとつの著作は、牛来正夫氏による『地球の進化』(12)で、氏が六二歳の時の作です。牛来氏は、地向斜造山論から大陸移動説へ考えを変えましたが、このときには地球膨張論者となっています。現象論的な解釈については、すでに地球膨張説を提唱していたケリーらが言っていることとほとんど同じですが、中生代以降の急膨張を主張しているのです。その根拠として、プレートが深発地震面で観測される程度にしか沈み込んでいないということを前提としています。しかし、その後九〇年代以降の地震波の伝わる速度の不均一性の研究により、沈み込んだプレート（それをスラブという）の停滞や落下に関する研究が急発展しました。中生代以降の大規模な膨張仮説を想定しなければならない根拠が消滅してしまったのです。

プレートテクトニクスの受容の遅れ

この章の最後に、なぜ日本の地質学界ではプレートテクトニクスの受容が遅れたかに関する感想的な結論を記してみたいと思います。

そのひとつの理由は、明治時代に輸入した地質学が、その後の展開においても、その根本の方法である斉一主義・現在主義の理解を徹底することの不足にあったと思います。いまひとつは、とくに戦後の大規模な大学改革に際して、地球科学の急速な発展に対応できる体制を構築できなかったことにあると思います。その脆弱性がプレートテクトニクスの成立という地球科学の革命に際して十有余年の遅れをもたらしたのだと考えています。少し詳しく記してみましょう。

斉一主義とは先にも簡単に記しましたが、一九世紀後半、ケンブリッジ大学のライエルが教科書『地質学原理』に記した事柄で、「現在は過去の鍵である」として知られる、地球の歴史を研究するに際しての方法論的視点のことです。この内容は二つの意味を持ちます。「現在の自然現象を貫く物理化学的法則は、地球の過去においても成立していた」という、現在では当たり前の事柄です。いまひとつは、「自然現象の進行する速度は、現在観測される現象と過去に起きた現象においても同じである」ということです。後者は「過去においても、ある日突然、全地球が天変地異に見舞われるような激変的現象はない」という意味も含んでいました。この激変的な天変地異はないという部分は、現在では成立しないと見なされています。一九八〇年に提案された学説により、今から六五〇〇万年前の恐竜絶滅が微惑星の衝突によることが明らかとなったからです。

一九世紀後半、地質学は地球を研究する先進的科学でしたが、二〇世紀に入って、地球物理学の進展を受け、大いに変貌を遂げました。科学の先進国であったイギリスなどにおいては、「地質学原理」に基づき、地質学の側からその古い殻の脱却を計りました。地球を研究する手法に物理学や化学を積極的に取り入れていったのです。地球の年齢をめぐる論争に放射性同位体測定を導入し、地震波を地下構造の推定に積極的に導入したのも地質学でした。また、現在進行形の地層の形成、地震や火山活動に関する地質現象（火成作用、堆積作用、変形・変成作用）の素過程をより物理化学的に定量的に解明する研究も大いに進展しました。その作用は地球史を通じて働いていたとする斉一主義の重要な視点です。日本の地球物理学が物理学の応用科学としての出自をもつのとは異なり、欧州では地質学の発展の必然の結果として、物理学や化学の積極的導入が計られたのです。

しかし、日本における地質学の、大学での教育や研究の内容や体制は、依然として明治時代に輸入した一九世紀後半のままでした。第二次世界大戦前、日本の帝国大学の地質学教室の多くの研究者は、日本の植民地政策の先導役として各地の地質調査にかり出されることで精一杯であり、「地球の科学」

としてその方法論にまでさかのぼって問い直す研究はほとんどありませんでした。そして未曽有の大戦争へ突入し、国は滅びたのです。

戦後、教育改革で旧制高校が大学となりましたが、そこで教えるべき地球科学カリキュラムにおいては、東京大学などが世界的にもリードした岩石学を除いて、発展する地球物理学と伝統的地質学が分離したままでした。そのことが結果として、一九六〇年代に起こったプレートテクトニクス革命への対応を、全体として遅らせることとなったのだと思います。地球物理学が得意とする地球全体をも俯瞰する空間スケールの大きさ、そして現在を軸とした短時間スケール現象の物理的描像と、地質学が得意とする一〇〇万年~億年の長時間スケールと微小空間スケール現象、そして化学的描像の融合が、うまく機能しなかったのだと思うのです。

一九六〇年代半ばから、すでに半世紀近くが経過しました。半世紀前の地球科学の革命は、地球科学の中でも固体地球科学分野で起こりました。その分野では、すでに地質学、地球物理学、地球化学の分野融合が飛躍的に進んだと思います。それは、プレートテクトニクス革命の賜物です。

そして今、地球科学は、地球表層における爆発する世界人口と地球環境との相互作用の理解、生命の理解、太陽系も含めた生存可能宇宙の理解など、壮大なサイエンスロマンと私たちの未来を見つめています。半世紀前とはまったく異なる新たな科学分野と相互に融合をしながら進んでいます。歴史を教訓に異分野融合により「科学の先進」をはかる地質学でありたいものです。

（1）泊 次郎『プレートテクトニクスの拒絶と受容―戦後日本の地球科学史』東京大学出版会、二〇〇八年。
（2）アルフレッド・ウェゲナー（竹内 均訳・解説）『大陸と海洋の起源（第四版）』講談社、一九七五年、ヴェーゲナー（都城秋穂・紫藤文子訳・解説）『大陸と海洋の起源（第四版）』岩波文庫上・下、一九八一年。
（3）テッド・ニールド（松浦俊輔訳）『超大陸―一〇〇億年の地球史』青土社、二〇〇八年。
（4）ロバート・ミュア・ウッド（谷本 勉訳）『地球の科学史―地質学と地球科学の戦い』朝倉書店、二〇〇一年。
（5）鈴木堯士『寺田寅彦の地球観―忘れてはならない科学者』高知新聞社、二〇〇三年。
（6）奈須紀幸『海に魅せられて半世紀』海洋科学技術センター創立三十周年記念出版、二〇〇一年。
（7）上田誠也『新しい地球観』岩波新書、一九七一年。
（8）都城秋穂『科学革命とは何か』岩波書店、一九九八年。
（9）M. Minato, M. Gorai, and M. Hunahashi, The Gelogic Development of the Japanese Islands, Tsukiji Shokan, 1965.
（10）市川浩一郎・加藤 誠・藤田至則編『日本列島地質構造発達史』築地書館、一九七〇年。
（11）井尻正二・湊 正雄『生物と地球の対話』築地書館、一九八二年。
（12）牛来正夫『地球の進化―膨張する地球』大月書店、一九七八年。

第四章　地質学と哲学

中谷宇吉郎（1946 年）（http://ja.wikipedia.org/wiki/ 中谷宇吉郎）

哲学との出会い

私が北海道大学へ入学したのは一九六九年であることは前に記しました。大学紛争の真っただ中です。北海道の田舎町から札幌へ、詰め襟の学生服からスーツに着替えて、夢を膨らませて入学式へ向かいました。ところが、入学式の会場は学生により占拠され、封鎖されています。ガイダンスのために教室へ入りましたが、ヘルメットをかぶった、あるいは鉢巻きをした先輩たちが次々と教室へやってきて演説をはじめます。何がなんだかさっぱりわかりません。

ガイダンスのための週が過ぎた頃、ついに教養部の建物が全共闘の学生によって占拠・封鎖されてしまいました。以降、ほぼ一年近く、講義はほとんどなく、私たちはクラスごとに集まり、討論を繰り返す日々となったのです。自分に確固たる信念があるわけでもないのですが、誘われるままにデモに出掛け、おしゃべりをする日々でした。

あらゆることについて話した気がします。青春ど真ん中なので、当然恋愛問題は最大の関心事のひとつです。しかし、わからない言葉が飛び出てきます。「真の恋愛」はプラトニックラブだというのです。

「プラトニックって何?」

「プラトンも知らないの? 倫理社会で習ったでしょう、プラトン!」

女子学生に馬鹿にされます。何やら無知を見透かされたようで恥ずかしい、悔しい思いが広がります。そういえばプラトンという名前は聞いたことがある。下宿に帰り、高校時代の教科書を開いてみると確かにあります。世界を知ろうとしたギリシャ時代の大哲学者。自然界を支配する究極のひとつの真理を求めた。その理想の真理を「イデア」と呼び、それを知るための学校「アカデミア」を作ったとあります。

「それがなんでプラトニッククラブになるんだろう？」

わかりません。

「頭の悪い奴！」という顔をされて、

「心から愛せないと言って次々と相手を変えたり、体から入るような人は、アリストテレス的なのよ」

ますますわかりません。片思いの経験しかなく、彼女いない歴一八年の自分には刺激的な会話で難しすぎる。

このようにしてプラトンとアリストテレスの名前は記憶の中に残りました。また後で記しましょう。クラスで議論をしていると、他にもわからない言葉が次々と飛び出します。「弁証法」「アウフヘーベン」……

アウフヘーベンは学生であれば、はやり言葉のように皆使っていました。「乗り越える」、「止揚」するという意味のドイツ語です。高校時代、文系が大の苦手で、小説すらまともに読んでいなかったことがさらけ出されてしまいました。

それが、私と哲学との出会いでした。弁証法とは何かはその後理解し、それが目の前で展開されている学生運動の背景としてのマルクス主義の根幹にあることも理解するようになりました。

ようやく専門学部へ進んだ後のある講義でのことです。一人の助手教員が突然、「弁証法を勉強せよ、毛沢東の『矛盾論』を読め」というのです。「いくらなんでもそれはない。ここは自然科学の学科だよ」と思いました。

ところが、ある教授も、地質学や進化を理解するためには、弁証法と上部構造・下部構造の概念を理解しなくてはならない、というのです。弁証法の何がしかは、そのときにはわかっていましたから、そんな機械的な議論で科学は前へ進むはずがないと思いました。

もっと驚いたのは、ある日、他の大学から大学院へきた一人の院生が、顕微鏡を見ながら「弁証法が見える！」と叫んだときです。私は一瞬ぞっとしましたが、彼は、弁証法的唯物論を勉強することが研究を無駄なく前へ進めるために有効だといってはばからない人でした。なんて教条的なのだろうと思いました。

その後、大学院へ進むと、第三章で述べたように、プレートテクトニクスをめぐる議論が目の前で展開されていました。北海道大学は一九五〇年代から六〇年代を通じて、地質学の中の岩石学の分野で展開された議論、「物理化学論争＝船橋・坂野論争」の一方の当事者のいるところです。その論争には哲学的政治的色彩が伴っていました。

当時は、コピーを取るのも大変な時代で、青焼きコピーなどで文献の複写をする時代でした。しかし、その論争に関わる文書は、大学院生の間では、印刷したものが出回っているほど関心の高いものでした。
当時北海道大学では、先に述べたように、岩石鉱物系の教員と院生は、理学部の第一講座（岩石学）、第三講座（鉱床学）、第四講座（鉱物学）、そして教養部地学教室に所属していました。この論争の当事者は第三講座に所属する船橋三男氏でした。(1)

簡単に紹介すると、岩石学は物理化学の論理体系の中で理解されるべきであるという東京大学の坂野昇平氏らの議論に対して、北大第三講座学派は、それでは包括できない歴史の法則があると対峙したのです。その歴史の法則とは、弁証法的法則のことです。

この議論をめぐっての意見の違いは、プレートテクトニクスへの対応の違いと見事に符合していました。他の岩石関連講座の教員と院生は、この第三講座学派に対して冷静に応じていましたが、このようなことがあると、嫌でも哲学的な議論が身近に存在し、それに対する意見を持たざるを得ない状況にありました。しかし、一方、そのような議論に対する意見をあからさまに表明することは、ある意味、政治的なレッテルを張られてしまうというおそれを生み出しました。このようなことがあって、日本の地質学の世界では、哲学的な議論を極端に避ける傾向がその後永らく続いてしまうことになったのではないかと私は思うのです。

自然をどう見るか、自然を科学的にどう解明するか、というときに、その「方法論」を磨くということは避けて通ることができません。その際に必ず哲学的な議論まで立ち入って考えることは大変重要であると思います。日本でも物理学と生物学の分野では、きわめて盛んにその思索の議論が行われ続けてきました。しかし、日本の地質学の分野で、研究をしつつ、その作業を継続的に蓄積したのは、後でも述べるように、故都城秋穂氏のみではなかったかと思います。立場はまったく異なりますが、故井尻正二氏もたくさんの著作を残しています。先の岩石学の物理化学論争をはじめ、第二次世界大戦後の日本の地質学界をめぐるさまざまな論争のルーツはこの二人にあると私は見ています。両者とも鬼籍に入ってしまった今、整理しておくべきひとつの歴史なのではないかと思います。

故都城秋穂氏は、二〇〇八年、突然の事故により八一歳で亡くなってしまいますが、彼は先に他界した故井尻正二氏に関する研究の最中でもあったとのことです。日本の地質学史研究としても、この両者に関して資料の多く残されているうちに、研究しておくべき課題であると思います。

プラトンとアリストテレス

自然哲学を考える時に欠かせない、プラトンとアリストテレス。[2][3] しかし、その名を聞いただけでこの本を読まなくなる人も多いと思うので、前の記述とダブるのですが、学生と教授の対話風にして、少しくだけて記してみましょう。

学生A「プラトンとアリストテレスですか?…えー、やめてください。高校のとき、歴史か倫理社会の授業で、聖書のように哲学者の名前が一杯出てきて、「覚えろ、覚えろ」というのでうんざりでした。また同じことをやるのですか?これは地学の授業でしょう」

教授「いやいや名前など覚えなくてよい。でも、〈プラトニックラブ〉という言葉は聞いたことないかな？　僕の学生時代、恋愛を頭の中だけで実行し、いくところまでいかない関係をそう呼んでいました。戦後大ヒットしたドラマ「君の名は」というのがあったし、最近では、女性たちが熱狂した韓国ドラマの「冬のソナタ」もそうでしたね。僕らの世代より少し前までは、それが最高のものと思う人が多かった。結婚前に肉体関係をもつなんてふしだら！ってね」

学生A「そんな恋愛、我慢できるわけないじゃないですか」

学生B「いや、僕はそれがいいと思う。恋愛とは心の問題だ。心の伴わない関係なんて偽物だ！」

教授「感覚派か理性派か？　情か理か？　それがアリストテレスとプラトンの論争の本質と言われている。本当はもう少し高尚な論争のはずなのだが、私もよくわかっていないので、恋愛に喩えて納得することにしているのだ」

学生B「それが地球観とどう関係するんですか？」

教授「地球観というか、科学一般に通じる考え方として、自然をどう見るか、ということにつながり、現代でもそれが科学の底流としてあるわけだ。そしていつもこの問題が頭をもたげて、ときには喧嘩にもなる」

学生A「先生、何言ってるんだか全然わからないです！恋愛だったら、僕は絶対に感覚派なんですが……」

学生B「いや恋愛は理性的であるべきです！」

教授「そう、その論争をプラトンとアリストテレスはやった。ただしプラトンは先生で、アリストテレスは学生だった。だからプラトンが当然偉そうに、理性を強調する。そしてアリストテレスは感覚が大事だ！と反抗する。

つまり、プラトンは「目に見えるもの、感じるものは見せかけである、本当のところは見えたり感じたりしないものだ」と言ったのだ。そしてその究極のひとつの真実をイデアと呼んだ。そのずっと後の一七世紀後半、ニュートンが物理学で大成功を収めて以降、原理から出発して自然のすべてを数学で表現できる科学の理論体系こそが自然の真理と解釈されるようになった。物理帝国主義といわれるくらい、勢いが止まらなかったわけだ」

学生A「だったらやっぱり理論屋が一番偉いというわけですか？俺なんか頭悪くて、数学・物理が一番苦手なのですが…」

教授「そう、数学や物理ができる者が一番頭が良い、と言われてきたんだね。でもそれだけでは、あたかもギリシャのサロンのようであり、実は科学は一歩も前へ進まないんだよ」

学生B「それでアリストテレスは何て言ったのですか？」

教授「私も正確には知らないが、でも、きっと「ちょっと待った！プラトン先生。先生のそのイデアという考え、おかしいと思います！」っていうようなことを言ったのだろうね。そして「感じるもの、見えるもの以外に何が真実だというんですか？それ以外、何もないではありませんか！」とね。アリストテレスはプラトンの学生であったわけだから、学生が先生にたてついたわけだ。ちょっと前なら（今でも？）、とくに日本では「何を言うか！破門じゃ、破門！」となりそうですが、ギリシャのアカデミアではそうならなかった。プラトンってやはり偉かったんだね。二〇年も議論が続いて、アリストテレスは別の学校も作りました。

とにかく、アリストテレスはもっと目に見えるもの、感じるものを大事にせよ、と言ったわけだ。

これは自然科学で言うと、自然の真理に近づく道は観察や観測にあるということ、を意味します。経験が大事だ、ということでもある」

学生B「それはわかりやすいですね。理論や数学はよくわからないけど、とにかく観察をする。それを表現できる数字に直す。そしてグラフに落として、近似する数式に置き換える。今ではエクセルなどのソフトもあるから、僕でもすぐできます」

教授「そうそう、その数字が何らかの物理量であれば、それを観測と呼ぶわけです。そして出てきた数式は、何か因果関係を示す物理の法則が潜んでいるはずだ、と思える道を作る。でもそれを説明できる理論が今の物理学に必ずしもあるわけではない。単なる相関関係だけで終わる場合も多いので、見極めが必要です」

学生B「アリストテレスっていいですね！俺向きかもしれません」

教授「いやいや、ここでもうちょっと考えてみよう。どちらもそれ一方だけでは、真実へは近づかないんじゃないのかい？

世界は変化することが本質なのか、変化しないことが本質なのか、ギリシャ哲学者はずっと議論を続けていたらしい。その変化しないものが、やがて二〇〇〇年後に科学の成立とともに、さまざまな原理や法則、保存則として確立する、というわけです。その背景に、プラトンが「イデア」と呼んだ、究極的に一般化され、抽象化されたもの、神と呼んでもいいものを追い求めていたことがあった、というのが一般の理解だね。プラトンは究極の理想主義者だったから、哲人政治などという理想の王様をいだいた国と人が一番幸せなのだ、などという議論も展開しました」

要素還元、分析と総合、帰納と演繹

さて話は科学に戻ります。科学は観察・観測、理論、実験を歯車として、そして論理としては帰納法と演繹法で前へ進みます。プラトンは理論こそ究極と言ったのに等しいのです。ピタゴラス派の影響が色濃いと言われるゆえんです。あの直角三角形のピタゴラスの定理を発見したピタゴラスです。

このプラトンの理想に支えられて、ガリレオからニュートン力学の成立、そして二〇世紀に入り、相対性理論や量子力学の成立を経て、科学は破竹の勢いで前へ進んできました。これが物理帝国主義と言われるゆえんです。そのような究極の原理を求めていけば世界のすべてがわかるはずである、それは理論の体系として完成される、という考え方を、自然科学における還元主義の立場といいます。究極の原理に還元されるということです。大統一理論が完成すれば世界のすべてがわかる、そのために、世界を部分に分けて、要素にして見てみようとしてきました。

それに対してアリストテレスの立場は違います。師に対して「ちょっと待った！理想などより現実を見たら?それが真実じゃないの?」と挑んだわけです。彼は生物をよく観察し、よく考えていたと言います。物理のようにはいかないと思うはずです。今では、生物は機械のような単純なものではないと誰しもが思っているでしょう。生物こそ「複雑系だ!」と。アリストテレスの立場は現実主義者なのでした。自然を知る上で観察・観測こそ「最も大事だ」という立場は、アリストテレスに近いといえます。経験主義・帰納主義と言ってもよい。地質学がフィールドを重視すること、あるいは観測の精度を必死になって向上させようとする地球物理学者の論理はそれに近いのです。

このような立場の違いは、プラトンvsアリストテレス以来、歴史に一貫して流れています。一〇〇〇年以上に及ぶ西欧の長い中世の間は、アリストテレスの自然観が支配的だったのですが、ルネッサンスにおいて、プラトンの自然観が復活した。それがやがて、一七世紀の科学革命へとつながるのです。しかし、その新しい時代の一七世紀になっても、合理主義のデカルトと経験主義のベーコンの対比のように、プラトンvsアリストテレスの自然観の違いは継続します。

今では理論と観察・観測のどちらも大事だ、というのが一般的見方ですが、好みは違います。それなのに「俺のやっていることが一番!」と主張しすぎて、相互に反発を買うことがままあります。科学者というのは、自分のやっていることが一番大事と自分に言い聞かせて、自分を奮い立たせて研究をしている人が多いのでしょう。しかし、それだけでは「〈俺は、俺が〉の小《お》山の大将」になってしまい、結果として説得性を持たなくなるのも歴史の教訓です。

いまだ理論化されていない自然そのものを描き出すには、観察と観測をまず行います。それを帰納して規則性を描き出す。そして、既存の理論で何とか説明する。さらにシミュレーションや実験で確かめる。この確認はバーチャルワールドです。そしてもう一度リアルワールドである自然そのものに戻って確かめる。それがほとんどの科学の手順です。この手順そのものを科学と定義してよいかもしれません。確かめる過程を検証といい、自然そのもので確かめる過程を実証というのです。実在に基づく証明ということですね。地球科学でも同じです。とんでもなく複雑な対象を扱っているのですから、理論と観察・観測の間のコミュニケーションが最も大事です。

観察・観測を「時代遅れの博物分類学」と呼んではいけないのです。また、理論の微細部分の構築までめざす科学を「単なる応用物理だ、物理帝国主義の手先だ」と言ってはいけないのです。相互に自然の姿を描き出そうと一生懸命なのですから、仲良く問答を繰り返せばいいのです。そうすれば、必ず成功するはずです。

その「問答館」の原点がギリシャのアカデミアであったのです。プラトンがアカデミアを築くきっかけはソクラテスだったことも忘れてはなりません。ソクラテスはあまりにも「どうして?どうして?」「それはおかしい、これもおかしい」と言いすぎて、裁判にかけられ、殺されてしまったのですね。彼は、「知らない自分のことを知っているだけだ」(無知の知)という有名な言葉を残して毒盃をあおったのでした。プラトンはこのソクラテスの死刑の現場を目の前で見ていて大きなショックを受け、それが彼の哲学のはじまりだと言われています。

いまの日本の大学、そして若者たちの間で問答は十分でしょうか?

ギリシャ人の地球観

プラトン、アリストテレスについて記しましたが、それ以前のギリシャ自然哲学において、「私たちは何者か?どこからきて、どこへ行くのか?」という問いから問答がはじまったとされています。科学だけではなく宗教、哲学などあらゆる人間の思考にとって根幹となる問いです。大昔の人は何を考えたのでしょう?西洋中心の哲学歴史観ですが、ざっとたどってみましょう。

紀元前八世紀、ギリシャのヘシオドスという人は、水平線を夜も昼もじっと眺めていました。暇だったのか、悩みの多い人だったのか。今のような娯楽もなく、自然の中をさまようのが娯楽だった頃、夜には満点の星がまたたき、昼は暖かい太陽光がふりそそぐ、それが天空でした。そして水平線の下には大地(ガイア)がありました。

「そうか!最初に世界ができたときは、まずこの水平線ができたのだ」と思ったのでしょう。それまでは天空も大地も区別のない「カオス」であった世界が、カオスが破られ、ついに天空と大地ができた、と。

今流に見れば、これは、無秩序から秩序ある低エントロピー世界が生まれる過程であり、地球創世、地球の「進化」のはじまりとして、正解の解釈です。東洋でお釈迦様が生まれる(紀元前五~四世紀)よりずっと前の話です。

さて、次は海ですが、世界の哲学の祖といわれるタレスは海と大地をどう見ていたのでしょう。

実はタレスの地球観が、デカルトにいたるまでの長い間、人間の地球観でした。デカルトは一七世紀の人であり、タレスは紀元前六世紀の人ですから、実に二〇〇〇年以上の気の遠くなるほど長い時間です。

タレスの見方とは、いわば「大地は海に浮かぶひょっこりひょうたん島である」とする地球観です。また問答風に記してみましょう。

学生B「え、まさか！あのどんぶらこの『ひょっこりひょうたん島』のことですか？」

教授「そうです。私は中学生のとき、NHKドラマの『ひょっこりひょうたん島』を見たくて毎日飛んで家に帰ったものだ」

学生A「でもそのネタがまさか、ギリシャ時代だったなんて！」

教授「ひょっこりひょうたん島の前に、西欧で人気のあった『ドリトル先生航海記』という童話が、実はひょっこりひょうたん島の元ネタなんだがね」

学生B「それでそのまた元となったギリシャのタレスは何と？」

教授「タレスは「水！水！水！」と叫んだそうだ」

学生B「それって運動しすぎて喉がからからだったか、それとも末期の水を求めていたからとかですか？」

教授「そうではなく、エーゲ海の出口に近いミトレスという街で、いつも海と地平線を眺めていたんだね。そして季節の移ろい、生命の生と死、荒れる海、静かな海、めぐり移ろう世界の中で、変わらないものは何だ？と考えたとき、水だ！と思ったんだね。世界理解の鍵は水にあると。

目の前には海があり、川の上流をたどると山があり、そこでは大地から水が湧き出ている。流れる水は大地にしみ込む。したがって、この大地の下は水に満ち満ちあふれているに違いないと考えたのだろう。そういえばギリシャでも地震のときに、地下から水が吹き出たかもしれない。液状化に伴う噴砂だ。これは私の勝手な想像だが、ギリシャは日本と同じく地震国だから可能性はあるよ。そういうことなどから、大地は海に浮かんでいる、と思ったわけだ。

このことは旧約聖書にも「大地は海の上、大河の上にできた」と書いてあるのだから、本当に長い間、少なくともルネッサンス以降、そして一八世紀、科学が最後に聖書を捨てるまで、みんな信じていたということになる。今では、そう思っていたことすら信じられなくなっているがね。だから大地の下が、びっしり石で埋まっていると思う理解自体が、実は新しい地球観だった。デカルトだって地下には空洞があると思っていた」

学生A「そうか、水平線を見ながら瞑想してみようかな」

教授「そうそう、その瞑想が研究を前へ進める！」

科学の方法

北海道大学の低温科学研究所の創設に関わった地球物理学者で、随筆も多く残した中谷宇吉郎（一九〇〇―一九六二）という人を知っていますか。「雪は天からの手紙」という有名な言葉も残しています。彼は教授在職中六二歳で亡くなりましたが、その彼が五八歳のときに記した『科学の方法』(4)という本があります。実に平易に書かれた名著です。

中谷は寺田寅彦の直弟子です。多くの随筆を記したことも良く似ています。昨年（二〇一二年）はちょうど中谷没五〇周年で、北海道大学ではさまざまな関連行事がありました。私とはちょうど五〇歳違いで、科学的な貢献は雲泥の差ですが、何か因縁めいたものを感じます。

『科学の方法』は今から五〇年以上も前に書かれたもので、時代としては原子力開発が夢の技術としてもてはやされ、原子力関係が進学先として大変人気のあった時代です。日本の高度成長前夜でした。科学・技術の発展が未来へつながるという、希望に満ちた、貧しくとも実に生き生きとした時代です。

しかし、この書は、冒頭が「科学の限界」から始まります。そして、二〇世紀のはじまりの頃に議論された、哲学的なテーマなどもやさしく織り込まれています。「無知の知」という謙虚な視点に貫かれた名著です。しかも、地質学に近い、フィールド地球物理学者のものですから、そこから見た科学の方法は大変参考になります。中谷が一生をかけた雪の結晶の研究は、今風に言えば、フィールドでの観察と実験を結合した岩石鉱物学（岩石が氷、鉱物が雪の結晶とみなせる）そのものです。ですから、彼が世界に先駆けて撮った雪の結晶の多様な写真は、今ロンドンの大英自然史博物館の鉱物コーナーに飾ってあるのです。

「科学の方法」の目次は以下の通りです。

一　科学の限界
二　科学の本質
三　測定の精度
四　質量とエネルギー
五　解ける問題と解けない問題
六　物質の科学と生命の科学
七　科学と数学
八　定性的と定量的

九　実験
一〇　理論
一一　科学における人間的要素
一二　結び

どうでしょう。科学とは何かに興味のある人なら読んでみたくなる目次です。少しかいつまんで紹介し、私の感想もあわせて記してみましょう。

科学の限界と科学の本質

科学の限界のことが最初に記されているのは重要です。この中谷の書には、技術のことは記されていませんが、科学に関しても、自然そのものに比べて、人間が知っていることはきわめて限られていることを強調しているのです。

当たり前のことですが、自然全体に対して人類がどこまで知っているのか、その割合を知ることはできません。なぜなら、科学とは、人間が自然から再現可能なものを写し取り、その再現可能な知識の体系を、定義したものだからです。自然全体は、無限であり、科学の知識は有限なのですから、その知っている割合など記しようがないのです。有限／無限はゼロとも定義できるわけですから、人間は何も知らないとも言えるのです。ただ、知識としての科学の拡大だけが言えることなのです。

再現可能性とは

中谷の本には、「再現可能である」という科学の定義に関連する部分も詳しく記されています。地質学は地球の歴史を研究しますが、地球の歴史は再現不可能であるので、それを対象とする科学は物理化学的には解けないという議論がかつてありました。今でもそう思っている向きもあるかもしれません。しかし、再現可能性とはどういうことか、再現とは何か、ということが重要です。再現可能性とは別な言葉でいうと、追試です。

再現の手順は以下です。①事件・現象を整理する（記載・分類／観察）、②事件・現象を物理化学的数値情報として記述する（観察から観測へ、あるいは定性から定量へ）、③数値情報の関係（定量的相関関係）を帰納的に求める、④その相関関係を因果関係として説明し得る物理化学的法則を仮説として提示する、ということです。

③の定量的なデータ取得と相関関係再現までは、同じ対象ならば誰がやっても同じ結果になる、ということが再現可能性のひとつの意味です。④は科学者によって使う物理化学の理論が違うかもしれません。しかし、提示された仮説を使うと誰しも同じことが再現される、ということが再現の第二の意味です。

では、この仮説を提示するときの物理化学の理論がすべて揃っているかというと、そうではありません。穴だらけです。実験室で可能な程度の温度・圧力・時間の下では、実験により補強された法則が存在します。しかし、地質学から帰納される現象は、その時間と空間の範囲を大きく超えると想像されるものが多くあります。たとえば古典地質学においても最大の議論の焦点であり、プレートテクトニクスによって最も劇的に説明される現象として、大山脈の形成過程があります。それは時間的には数百万年から数億年に及ぶ現象です。さらに大山脈ができるということは、地形的に高い山ができるということだけではありません。山脈を構成する地殻の組成や構造を化学的に変えるという現象でもあります。ある種の力学的物理モデルとして、長時間に及ぶ大山脈形成を説明するモデル（仮説）は盛んに提案され、シミュレーションによって再現されています。しかし、その大規模な地殻の化学的改変まで含めたシミュレーションはほとんどありません。

「歴史的見方」中谷の問い

中谷は雪を観察し、雪の結晶が持つ複雑で奥深い世界に魅せられ、その多様性を生み出す原因を知りたいと思ったはずです。ですからその多様な成長を実験によって再現し、成長の物理的条件を定量的に明らかにしたのでした。彼の経験に裏打ちされた方法論です。その彼が、科学と歴史のものの見方について記しています。この記述は地質学へも通じるものがあります。引用してみましょう。

科学における再現可能性とは、

「条件が全く一様ならば、同じことがくり返して起こるはずであるという見方で」

「もし同じ結果が出なかったら、原因はほかにあるのだろうとして、更に調べていくわけである」

「もっとも別の見方もある。ほんとうの現象は、どんどん変化していって、二度と同じことはくり返されないという見方もできる。これは歴史の見方である。現象を歴史的に見るか、科学的に見るかという根本のちがいは、ここにあるように思われる」(80〜81頁)

これは、実際に自然で起こった過去の現象を解明しようというときに突き当たる問題です。地質学で過去に起こった、ある同じような事件の原因、たとえば断層運動を調べようとするときに、諸条件が厳密に同じということはありえません。しかし、その違いの方に注目するのか、共通性の方に注目するのかと言えば、それは知りたいことに依存します。たとえばプレートの沈み込み帯で起こる逆断層運動に注目し、その再現可能性、すなわち時間や場所によらない共通性を探りたいのであれば、その物理化学的因果関係を探るのが科学的であると中谷は言っているのです。

それと対立させて中谷は、「歴史的な見方」と記しています。歴史の事件の原因を探るのが歴史学ですが、自然の歴史においても、当然その事件は個別的、地域的です。たとえば日本列島の誕生の原因などは個別的地域的で、まったく同一の現象の再現は不可能です。しかし、その原因を明らかにし、地球上のすべての弧状列島の形成との共通性を探るのが科学としての地質学の手法です。そのように見ると、中谷の見方はちょっと不十分ではないかと思います。

なぜ中谷が、「歴史的な見方」と「科学的な見方」を対峙させて記しているのかはわかりません。中谷がいた頃の北海道大学においては他大学と同様に、物理学の新進気鋭のスタッフや地質教室におけるスタッフを巻き込んで、盛んに科学の方法の議論が展開されていました。

中谷は、一九五〇年代を担う戦後の学生世代から見ると明らかに戦前世代です。そこに大きな世代間のギャップがあったことは容易に想像できます。まして、中谷の雪の結晶の研究は、飛行機の着氷の研究をどう解決するかということと結びついて、空軍からの研究費の援助も受けてなされていたのです。戦後民主主義運動が盛んな大学では、戦争と科学の問題も鋭い対立点としてあったものと想像できます。中谷の雪の研究は、実はそのような世俗のこととはかけ離れて、自然の神秘の解明にのめり込んだからこそ、大きな成果を得、影響を与えることができたのですが、戦争直後の学生たちは、戦争の総括の中で、そのような世代をも激しく批判したのです。「政治軍事に一方的に利用される「専門バカ」はもういらない！」と。そのことが、科学の方法をめぐっての議論に少しだけ反映されたのではと勘ぐってしまいます。

なぜなら、先に記したように物理化学的手法と対峙させて歴史的な見方を逆に強調する若い地質学徒は、同時に学界「民主化」も強く主張し、旧世代と対峙することが多かったのです。そのことが中谷にこのような書き方、「歴史的な見方」は科学ではないと暗示的に書かせたのかもしれません。

一方で中谷は、「世の中には、再現可能な問題はない。再現可能でないものを、再現可能であるという見方をするには、…現象をいろいろな要素に分けて考えてみるのが便利な方法である」と記しています。要素還元（分析）とその総合による再現こそ、科学の最も強い方法であると言っているのです。

地球における歴史的事件を物理化学的に解明することが地質学においても重要であり、その後の地質学はそのように進んできたのですから、歴史的見方と科学的見方をあえて対峙させるこの部分の記述は、今から見ると不十分であるように思います。後で記しますが、要素に還元するという伝統的科学の方法に対して、大きな疑問が生まれ、それによる新しい研究方向の模索こそ、一九七〇年代以降の複雑系科学の勃興をもたらしたのです。地質学をめぐる方法論的論争をいかに乗り越えるのかということと同質の議論が全科学分野で巻き起こったと言えるのです。

生命科学への中谷の問い

二〇世紀後半は生命科学の世紀と言われるほど、生命科学は爆発的発展を遂げましたが、今から五〇年以上も前の中谷の生命科学に対する見方には大変興味深いものがあります。

要素還元主義が、中谷が記した時点での科学の方法の王道でした。とはいえ、「ほんとうは複雑な現象を、人間の頭の中で一つ一つに分析して、その各々について調べたことが、そのままた重なり合って、全体の現象の性質を示すかどうかは分らない」が、「要素に分けて調べた知識を重ねたものが、全体の性質を示すと仮定して、現象の説明をするより仕方がない」「この仮定が正確に、あるいは近似的にあてはまる現象は、科学が取り扱い易い」。しかし、「不安定な現象とか、生命自身の問題とかには、この仮定は近似的にもあてはまらない。…現在の自然科学（物理化学、引用者注）では扱いにくい問題である」「必ずしも扱えないとはいえないが、非常に取り扱いが困難な問題であって…」（中谷前掲書、82～83頁）と記しています。

その後、五〇年の推移を見るといかがでしょうか?この中谷の本から五年前の一九五三年に、ワトソン・クリックのＤＮＡ二重らせんの発見がありました。その後、要素還元による生命科学の急速な発展が続き、二〇〇三年には人間の全ゲノムが解明されました。現在世界中で出版される科学論文の半分は、生命科学分野であると言われます。しかし、生命の本質が、分析による要素還元とそれらの総合によってどこまで解明されたのかを見るとき、その間には、相変わらず大きな開きが残されています。人や動物の行動や心の問題まで含めて、この方法がどこまで行き着けるのか、そのジレンマこそが、一九七〇年代以降の複雑系科学の勃興を導いたのです。中谷がもう少し存命していたなら、地球科学の対象である複雑系としての地球に関しても、大いに発言したであろうと想像されます。

科学における先入観と偏見

科学は、まず観察・観測からはじまる、と記しましたが、それはどのようになされるのでしょうか？私たちが学生の頃、フィールドを歩いて露頭を観察するときに、「先入観を持つな！偏見を持つな！」と教わりました。

これは正しいのでしょうか？私は、このように教わったときに、「あれ？人間は生まれたときは、脳の中は真っ白で情報がほとんどなかったところに、次々と記憶という情報の蓄積を重ねてきた動物なのだから、それらによって見たもの、観察・観測したものを判断しているわけで、偏見や先入観なしにものごとを観察することはあり得ないはずだ。カメラのフィルムに焼きつけられる風景とは違うのだ」と思ったものです。

このことは、科学における「価値中立性」の問題とも関連するところです。自然科学の「価値中立性」とは、自然科学は、自然そのものの真理を反映するのであるから、人間の持つ価値観からは独立していて、中立的なものである、ということです。

科学に従事している科学者は、人間社会のドロドロした価値観とは無縁なところにいて、「真理を探究」している崇高な人たちであるとの見方へとつながりやすかったのです。科学万能論と結びついて、科学者はひとつの理想的職業と考えられていた時代がありました。日本では一九世紀末から、二〇世紀の高度成長前夜にいたるまでの時代でしょうか。たとえば、野口英世の英雄伝説に代表される見方です。また、先に述べた、雪の結晶に魅せられ、のめり込んだ中谷宇吉郎の研究も、そのように受け止められていました。

しかし、この「価値中立性」の見方は、第二次世界大戦後大きな試練を受けます。国際的には、第二次世界大戦において、多くの物理学者が原爆開発のためのマンハッタン計画へ関与・参画したことに対する議論が起こりました。また、高度成長に伴い公害問題が大規模に発生したことや、サリドマイドなどの薬害、そして最近では地球環境問題が大きな問題となっています。さらに今や原子力発電所立地に関わる地震・活断層問題が深刻です。科学の発展とそれに裏打ちされた技術の発展が、次々と人類社会に利益だけではなく「負の価値」をもたらしてきているのです。もはや、一九世紀的な意味で科学ロマンと「自然科学の価値中立性」などとは誰も言えなくなって、二一世紀に入ったのです。そして、東日本大震災によって、地震予知による未来予測の不確実性と、福島原発事故による安全技術への不信の増幅は、科学と技術への信頼を地に落としてしまいました。

このことは科学における先入観と偏見に密接に関連します。この問題は、中谷の『科学の方法』から一六年ほど後に、東京人学の科学哲学者、村上陽一郎氏によって論じられました（『新しい科学論』(5)）。

自然科学における価値中立性

価値中立性とは、もう少し詳しく記すと、自然科学が自然から抽出するデータは、自然そのものを色濃く反映しているので、人の偏見や先入観によって左右されない、そしてそれから帰納された説明（仮説）も確立された原理や法則によってなされるので、それも価値中立である、というものです。そのデータは誰が取得しても再現性がなければならないことは言うまでもありません。科学の発展に伴って多くの「負の価値」が取りざたされてはいますが、この価値中立性を信じたいという心境は、実は今でも多くの科学者の心の奥底にあるといえます。価値中立性の問題とは、ときどき発覚する、データねつ造事件などが対象なのではありません。人間の認識に潜む主観性と、自然の客観性を反映した科学との関係を問題とする認識論の問題とも言えます。

その問いかけに対する答えのひとつが「わたくしどもが外の世界を見て取れるのは、先入観や偏見あってのことなのだ」（村上前掲書、136頁）というわけです。「見えども見えず」ということはよく経験をします。地質学では同じ露頭に何度も出かけていきますが、訪れるたびに新しい発見があります。その間にいろいろ思い悩み、思考を重ね、類似の研究もたくさん検討して、先入観を研ぎすませると、見えなかったものが見えてくるのです。観測によって得られるデータも同様です。

偏見や先入観は、自然を見る場合も普通にあるのだと考えると、逆に科学のあり方が見えてくるように思うのです。

地質学の世界、とくに日本では、活断層の認定は、原子力発電所設置などに関して避けて通ることのできない問題です。しかし、その評価（活動度や分布）に関しては、原子力発電所建設に対する研究者の意見が少なからず反映します。原子力発電所設置に賛成・推進する人は、活断層の認定や活動度の評価において、小さめに見積もってしまったことはなかったでしょうか？また逆に原子力発電所に強く反対する人は、科学の客観的評価を超えて大きめに見積もってしまうことはなかったでしょうか？この違いが、活断層や地震の将来予測に反映していたことが、東日本大震災以降、大きな問題として浮上しているのです。多くの科学者が、政治や経済的視点から、価値中立的でありたいと願っていても、それを客観的に検証することは容易ではありません。

そのような政治的な価値から独立して統一的基準で科学的に活断層の客観的評価を試みたのが『日本の活断層』[6]（一九八〇年）でした。そこには、阪神・淡路大震災（兵庫県南部地震）を引き起こした野島断層が、すでに活動度の高い活断層として記載してありました。この地震後、日本全体の活動層の見直しが進められ、科学的により正確に評価するための努力が続けられています。

仮説に入り込む先入観

では、社会との関連の薄いことがらではどうでしょうか？

先にプレートテクトニクス革命の日本への導入について記しました。このときの論争は、観察される地層の成因が「地向斜」によるものか「付加体」かでしたが、それらの仮説はいずれも先入観、悪く言えば偏見です。しかし、あえてその先入観（仮説）を持っていたからこそ、実証あるいは反証すべき研究方法とデータを引き出すことができ、科学は前へ進んだと言えるのです。

海洋底で噴出した玄武岩という火山岩が、堆積岩と交互に産出する地層を見て、それらは順番に繰り返したと説明するのが「地向斜」による説明でした。玄武岩と堆積岩が順番に積み重なっている通りに、年代の順序もそうなっているはずだと説明したのです。「地向斜」による説明はすでに存在していましたから、新しく地質の調査をして、同じ地層の積み重なりが見つかっても、とくに疑問を持たずに過ごしてきたのです。玄武岩と地層の間に断層があっても、それを本質的とは見ずにいたのです。ところが新しい「付加体」説では、その断層は本質的であり、かつ時代は玄武岩が一番古くなる、地層と玄武岩が断層によって繰り返す場合、年代も繰り返すはずだと予想したのです。その予想は、「付加体」仮説から演繹された「期待されるデータ」です。そして、予想通りの年代データが得られたわけです。

これは「付加体」という「先入観」によって年代を予測した例であり、偏見や先入観を持って自然を眺め、はじめて自然の秩序が見えてきた地質学の例と言えます。しかし、自然はそれら先入観や偏見には収まりきらないほど豊かなことも確かです。

そして、その収まらない部分、あるいは先入観や偏見と矛盾する部分にこそ、さらに科学が前へ進む原動力があるのではないでしょうか。その部分を無視することなく取り組むことが、必ずや新しい発見へつながるという確信が大事です。このような視点は、弁証法において「対立物の統一の法則」とも呼んでいるものです。アウフヘーベンというわけです。

また、検証あるいは反証の方法を提示できない仮説は、科学的仮説と認められず、単なる物語と見なされるのです。地質学における歴史的事件においても、物語にとどまっているケースがあるのではないでしょうか。

私は学生が、多くのデータを前にして「こう考えてもうまくいかない、ああ考えてもうまくいかない」と思い悩んでいるときに、こういうことにしています。

「ほらほら、今自然が語りかけているんだよ。今までの科学の説明枠内の予定調和では、俺（自然そのもの）は満足していないぞ、新しく説明してみろよってね。ピンチはチャンス。今が、時なのだ！」と。

「役に立つ」「知る」と価値中立性

この偏見と先入観、あるいは価値中立性と関係して、考えておくとよいと思うのが、科学の持つ「役に立つ」という性質と「知る」ことの関連です。

国により支給される科学研究費は、もちろん国民が支払う税金が源です。ですから、当然、科学研究費によってなされる研究は、納税者すなわち国民のために役に立たなければなりません。その「役に立つ」ことに対するとらえ方は、基礎科学（理学）と応用科学（工学など）によって異なります。私は理学部にいますので、日常の研究活動の目的が、第一義的には「知る」ことにあります。そして、その結果が、すぐか、五〇年後か、一〇〇年後か、あるいはもっと長い時間がかかるかもしれないが、必ず役に立つと信じています。また、「私たちは何者で、どこからきて、どこへ行くのか」という命題に対する答えは、経済的に豊かになったり、生活基盤を楽にしたりということにすぐにはつながらなくとも、人間の自然観や世界観、あるいは人類観に影響を与える文化としての意義が大変大きいと信じています。すなわち芸術や文学と同様の側面があるのです。誰しもが、宇宙の起源や進化、地球の起源と進化、生命の起源と進化、人間の起源と進化などに強く惹きつけられるのは、人間の知性がそれを求めているからです。そのようにして人間は知を拡大して、生存可能性を拡大してきたことも事実です。すなわち、価値中立性への期待は、科学が生存の安心のための文化の成熟に「役に立つ」という側面も大きいのです。

一九九〇年代後半、日本政府は、科学技術基本法、そして総合科学技術会議を作り、科学技術基本計画を設定し、科学技術の推進を計ってきました。それは「役に立つ」科学技術発展を国の基本にすえ、「科学技術創造立国」を訂ろうという、誰しもが賛同しうる政策です。

しかし、主に基礎科学に従事する研究者などから、科学と技術の間には「・」を入れるべきであるという強い意見が表明されました。それは、科学と技術は目的が違うという主張に根拠を持っています。基礎科学（理学）の目的は「知る」ことであり、それは長い時間としてみれば、必ず「役に立って」きた。しかし、すぐに「役に立つ」かどうかわからない。「科学技術」という連続語では、短い時間スケールで「役に立つ」ことが目的の応用科学を優先するというニュアンスを含んでいて、基礎科学の持つ意義を十分に表現できていない、という主張です。私もすぐにこの意見に賛同しました。

しかし、一方で、そのような主張に対し反論もあります。たとえば、元宇宙飛行士で日本科学未来館館長の毛利衛さんが出版した『日本人のための科学論』[7]には、次のような記述があります。科学未来館は、科学技術基本法の成立によって、科学技術の国民への普及の重要性に鑑み作られた施設です。ですから、当然「科学技術」と連続して記されています。

「「あなたはなんのために研究をしているのですか？」と問うと、一部の人は「自分の好奇心に基づいた研究」…と答えます。つまり、「成果を社会に還元するための研究」をしているわけではないのです。これは、残念な発想です」（同書、46頁）

この記述だけを取り出すと誤解を招きます。なぜなら、科学者が好奇心にかき立てられ、研究にのめり込むときにそれを阻害するプレッシャーを最も嫌うからです。「知りたい」と思っているときに、「それはどのように役に立つの、お金は儲かるの？」と聞かれても答えようがないからです。

毛利さんのメッセージの真意は、本書のもっと後に出てきます。

「ただ、役に立つというと、いまの社会ではお金になることという意味で使うことがほとんどですね。…世の中がせっかちだから「有用性を証明しろ」「見通しを示せ」「達成率はどうか」などと研究者にも色々なプレッシャーがかかりますが、本来は、「役に立つの？」という問いに関しては、「役に立ちます」と断言すればいい。「お金になるの？」と訊かれたら、「お金はビジネスの世界の話です。文化はすぐにはお金になりません。でも百年たてばどうなっているかわかりませんよ」と答えておけばいいんです」（前掲書、147頁）

「知る」ことと「役に立つ」ことの、切っても切り離せない関係、すぐに役に立つもの、すぐにお金の儲かるもの以外の科学への投資がどんどん減らされていく事態に、百年の計の未来設計が縮小していくと感ずるからこそ、基礎科学の研究者は、科学と技術の間に「・」を入れろと主張しているのです。

社会との関係、とくに政治や経済の論理から科学が中立であって欲しいと期待するとき、この「知る」作業の意義をもっときちんと詰めることが大事なのだと思います。科学と技術の間に「・」を入れるということは、その最低限の一歩であると思うのです。

フィールド重視の哲学

地質学では、実際に野外に出て、岩石や地層に触れることを重視します。現在ではその重要性がいくつかの視点から理由づけされています。

まず地質学者は、子供の頃、あるいは学生として教育を受けたとき、あるいははじめて地質学に接し巡検と称する見学会へ参加したときなど、大地の岩石や地層に接した新鮮な感動体験を記憶しています。その刺激と新鮮な疑問への記憶が、地球の営みを理解する第一歩であるとする視点です。初等中等教育（小学から高校まで）において、自然そのものに接する機会がどんどん縮小し、受験競争の点数のみによって進路を決める点数主義が進んでいます。自然そのものへの好奇心に基づいて大学における進路が選択されておらず、結果として理系離れが深刻な事態となっているという認識は、地質学のみならず、科学一般において広く共有されている視点です。

フィールドの重要性を叫ぶ二つめの理由は、以下です。二〇世紀、地質学を構成している岩石学、構造地質学、堆積学などの専門領域と、それらが対象とする作用に関わる素過程研究が急速に発展しました。地球物理学や地球化学なども急速に発展しました。また、プレートテクトニクス革命の成果ともいえますが、総合科学としての地球科学が急進展しました。その発展を体験してきた世代は、フィールドにおける調査によって地質の産状（岩石や地層のあり様のこと）を観察し、その記載分類という作業の後に、それらをさらに深く理解するために物理化学的分析を導入し、進めてきたという経験があります。

学会などの若い人の発表結果に対する質問で、「ところで、産状はどうですか？」と聞くことがよくあります。ところが、「すでに分析用の粉でした」とか、「ルーチンで採集されたもので、産状はわかりません」という答えが多くなっています。せっかく出された定量的なデータがどのようなところから得られたのかわからず、自然に戻せないのです。悪く言うと「糞味噌一緒」で、データから無用なノイズを排除できないのです。それは、研究としては前へ進んでいるように見えるのですが、自然そのものから遠ざかっているという危惧があり、将来必ず「地質の産状」のところで壁に突き当たる予感がしています。

フィールドを重視せよとの第三の理由は、産業の現場からのものです。昨今、団塊世代が次々と定年を迎えて、大学教育の現場や、地質コンサルタントの現場から去って行きます。しかし一方で、自然災害対策、資源やレアメタルの開発問題など、現場での地質学の重要性が浮上しています。また、海外の国と協力して、各国での地質・環境対策や開発が一段と重要になっています。そのような中で最近の教育は、野外へ出て地質の調査訓練をしないので、野外からの第一次データを取得できる者がいなくなっているという危機が叫ばれているのです。古典地質学の時代の教育は、第一章で記したように、どっぷりとフィールド漬けだったわけですから、無理もありません。

現在は、科学も技術も高度に発展した結果、教えるべき、また学ぶべき基礎知識が膨大になっています。大学教育という限られた時間に、どのようにバランスよく、フィールド調査の教育と経験を位置づけるかという問題があります。大学において学ぶべき項目が急速に増えており、そのことのしわよせとして、数カ月を費やして実施していた野外における地質調査時間を大幅に縮小させることとなりました。しかし今、合理的カリキュラムに変更し、地質調査時間を復活させるべきときがきているように思えてなりません。

さらにフィールドの重要性が叫ばれる四つめの理由は、科学そのもののあり方、つまりこれまで述べてきたことに深く関連します。先に記したように、科学とは、自然そのものを知るための、人間の知識創成の営みです。その際に、自然そのものと科学との唯一の直接的接点は、観察と観測です。地質学においてフィールドの重要性を強調する根拠はそこにあるのです。これまでに確立された理論から、スーパーコンピュータを使って大規模シミュレーションをする。あるいは、現象の支配要因をしぼって実験を行う。これらも重要であることは疑いありません。それらは、科学方法論的には、演繹法に基づく研究です。しかし、科学は演繹法だけではバランスが悪いのです。

演繹法は、科学における真理保存性には優れていても、新しい科学の発見能力としては、帰納法に比べてはるかに劣るからです。最近の学生は、コンピュータを用いて、シミュレーションによって事象の説明をすることに惹かれるようです。それももちろん重要な研究なのですが、そこからは新しい発見はなかなか出てこないということです。森羅万象の中から、直感的に、それまで発見されていないような関係性を見いだし、それを帰納的にまず記述する。そして、それを、演繹的に物理化学（一部、基本法則ではなく経験則も含む）を用いて説明する（シミュレーションも含む）。そして再び、それを検証するために自然を帰納的に整理する。そうやって人類は、科学の新しい発見を重ねてきました。最初に現れる直感とは、それまでの科学の到達点では説明し得ていないことを感じ取るということです。その直感は、「先入観と偏見」を打破できるかということでもあります。先入観と偏見を打破するには、何が「先入観で偏見」であるのか、ということがわからないとできないということです。一方で、フィールドで自然と接する前に持っている基礎的な、あるいは背景としての知識を「先入観や偏見」ともいうのですから、少々ややこしいのですが。

観察・観測、理論、実験、これらがバランスよく進められなければ、新しい発見を「真理」として定着できません。それらのバランスを考えて、フィールドの重要性が叫ばれているかどうかは見極めなければなりません。自分の経験のみから、強調するだけでは説得性に欠けるからです。

地質学を成立させた欧州においては、今でもフィールドから情報を引き出す地質学的研究は連綿と継続しています。しかし、新世界であったアメリカからはほとんど消えかかっているかに見えるのは私だけが感ずることでしょうか。

個別と一般／地質学につきまとう地域

先に、プラトンのことを書きました。彼は具体的事象・現象の影に隠れた真理「イデア」を探せといったのでした。それは二〇〇〇年のときを超えて、デカルトの「個別と共通的本性」などという言葉として繰り返されました。それは地質学・地球科学の言葉で言えば、「地域と地球一般」となります。

たとえば、「四国とはどんなところか?」を考えると同時に、「四国は地球を考える上でどんな意味を持つのか?」も考えよということです。

地球上のある特定の地域を研究していても（気象現象、地殻変動、地質の歴史など何でも）、地球全部に共通することという一般性を考えなさいということです。現在を考えているとしても、過去も未来も考えなさいということでもあります。

これは、地球を研究していても、他の惑星を考えなさいということにもつながります。太陽系を研究していても同時に他の恒星のことを考える。銀河系を考えても他の銀河系も考えるということとなります。空間や時間スケールを大きくしても、それらはすべて個別対象とした地域科学なのです。それを超えたところに、物理学と化学があるというのが、人間の知的活動の結果としての「科学」の階層性です。「万物に共通するもの・こと＝それを真理という」を追い求めたプラトン・デカルトの夢が物理学を中心とする科学になったのですね。

もう一度話を地質学に戻すと、地域研究と地球の研究の違いを常に意識することが必要です。地域にいる人にとっては、そこの地質や岩石は非常に身近な存在ですから、なぜここにあるのかが気になります。世界中どこへ行っても、その地域の地質や岩石の分布に誰よりも詳しい「地域地質学者」と呼ばれる人たちがいます。英語ではResident geologistといいます。

地球全体を俯瞰して、ある現象の一般的な研究を進める際でも、具体例が必要です。その具体例を最も熟知しているのは「地域地質学者」と呼ばれる人です。地域地質学者は、詳細を熟知しているため、その地域のすべてを知りたい、説明したいという思いが主要な関心となる場合が多く、ときとして世界が見えない、地球が見えない場合があります。「木を見て森を見ず」状態です。そのかわり、木の幹の皺の一本一本まで熟知している大変なプロです。

明治維新以後、日本の地質学界では、日本列島はどのような岩石や地層からなるのか、日本列島はどのようにしてできたのか、が主要な関心であり続けました。いわば日本の地質学者全体が「地域地質学者」でした。一九六〇年代から七〇年代にいたるまで、日本列島地質構造発達史が、いつも学会シンポジウムの主要なテーマでした。プレートテクトニクスに基づく議論が大きな位置を占めるようになった八〇年代以降も、しばらくはその状態が続きました。

一方、世界を俯瞰している研究者は、ある特定の地域や露頭が地球を理解するために大変重要なフィールドであることに、文献や学会発表などで気がつきます。学術論文は、現象の一般的研究の新発見であることが常に求められますから、世界を俯瞰する地質学者はそのような視点から地域に乗り込んできます。

そこでトラブルが起こることが多かったのです。ある特定の露頭や地質の解釈をめぐって問題が起こる形をとることも多いのですが、人間関係のトラブルというべき側面も大変大きかったのです。長い時間をかけてその地域地質を明らかにして来た研究者から見ると、成果を「鳶にアブラゲをさらわれる」あるいは「禿鷹、ハイエナにさらわれる」心理となったかもしれません。逆に、地域に詳しい研究者による未公表の事実や、巡検などで案内されたことによって可能となった新発見を、案内者に無断で発表したりする場合があり、トラブルの原因となってきました。

地質研究には常に地域という個別対象が伴います。そこには必ず先行的に研究している研究者がいるものです。先行研究の尊重と正しい評価という当然のことをきちんと意識することが大事であると思います。最近はジオパーク運動の盛り上がりによって、今後「地域地質」に関心を持つ人が増えていくと期待されるので、とくに重要です。また地域地質研究者の側には狭い「縄張り意識」の胸襟を開くことが求められるでしょう。そのように相互に尊重し合うことが、結果として地域の地質学が発展し、その重要性が一層広がることにつながります。

科学の方法をめぐる科学哲学

さて、中谷宇吉郎などの本を引用しながら、五〇年前の日本の地球物理学者から見た科学の方法に対するひとつの見方を紹介しましたが、第二次世界大戦後は、科学の哲学、科学方法論をめぐっても盛んに議論されるようになり、現代にいたっています。

しかし、今日本の科学者にとって、科学哲学などに関わると、科学そのものがおろそかになるというか、逆に日常の研究、教育、その他の仕事などに追われて、哲学など考える暇がないというのが、実情なのではないでしょうか？最近のように、業績として論文を書くことを半ば強制され、任期を限られ、成果を数字で評価される時勢になると、皆、視野狭窄に陥りがちです。哲学的根本まで遡っていつも考えるなどということは、とてつもなく時間の無駄に感じてしまうのも無理からぬことです。

しかし、そんなときだからこそ、私は声を大にして言いたいのです。「もっと哲学を！」と。私も含めて、哲学者ではありませんが、科学哲学という新しい分野が成立して、そこでは盛んに議論を展開しているプロがいます。したがって、それらを横から眺めて「なるほど」と思ったり、「あれ？ちょっと変だ」と思ったりするくらいは必要ではないかと思います。

さて、そのようにして眺めてきたことを記してみましょう。

私にとっての「哲学ことはじめ」については記しましたが、専門課程に進んで、最初に大きなショックを受けたのは、やはり、プレートテクトニクスの成立に伴う「科学の革命」に関する哲学的議論でした。

パラダイム

トーマス・クーンによって導入されたパラダイムという言葉は、「一定期間、科学に従事する者に対して、モデルとなる問いや答えを提供する普遍的に認められた科学的業績」（『科学革命の構造』[8]）のことを指します。この語は、最初に提案された後に批判に曝され、一時的に使われなくなったそうですが、一九八〇年代以降、再び使用されるようになったようです。クーンの弟子であり、数学史の科学哲学者、佐々木力氏の著作によると、科学という知的営みにも、「解釈的基底」という、思想的・社会的な「深層構造」が存在するということを、パラダイムという言葉を用いてクーンは言いたかったのだとされています（『科学論入門』[9]）。

それらは、先入観とか偏見とか、ドグマという悪いことばで表現することもできるし、科学をより「真らしく」させてもいるというのです（佐々木、前掲書）。平たく言うと、そのときどきの常識の枠組みという意味ですね。

地質学でいうと、古典造山運動のパラダイムから、プレートテクトニクスのパラダイムへという「パラダイムの転換」が、「科学の革命」です。プレートテクトニクス革命、放散虫革命などの言葉も、

「解釈的基底」の転換に関連した、クーンの科学哲学に強く影響された言葉だということになります。

この科学哲学を絡ませて、プレートテクトニクスの成立を進めたウィルソンの言葉を引用しながら、日本へ紹介し、また、自らも意識的に「科学革命」を推進したのは、都城秋穂氏でした。また、一九七五年以降連続的に出版された、『岩波講座地球科学』はこの分野に多大な影響を与えました。私も大学院学生のときに出版されたこの講座を必死になって読んだものです。

その第一二巻『変動する地球3造山運動』[10]（一九七九年）は都城氏が安芸敬一氏とともに編集したものです。その第2章3節には、都城氏自身が「パラダイムとしてのプレートテクトニクス」として、踏み込んで執筆しています。そこには、「科学者の大多数が新しいパラダイムを受けいれるようになっても、少数の人がそれに反対を続けるということは、よくおこることである。科学革命が本当の意味の証明でなくて、むしろ説得と改宗によっておこるものである以上は、そういう少数の反対者の反対はいつまでも続き、最後に彼らが死亡することによって終るのが普通である」（前掲書、55頁）と記してあります。なんと強烈なことを記す人なのだという印象とともに、パラダイムという言葉が胸にストンと落ちたのを覚えています。

しかし、この著作の記された時点において、頑としてプレートテクトニクスに反対していた日本の多くの地質研究者は、その後すぐに、プレートテクトニクスを認めるようになったわけではありません。先に述べたように、科学の手続き、「仮説とその検証もしくは反証」というプロセスに相当する「放散虫革命」を経ることによって、説得されることになったのです。ただし、その後も論理ではなく感情として受け入れられないという頑迷な人たちが、最後の最後まで残ったことも確かです。論理よりも感情、それは、人間が行う科学の世界にも当然存在するのです。科学では、論理的世界が勝るということが、このプレートテクトニクス革命のもうひとつの重要な教訓なのかもしれません。検証不可能な仮説間での対立は不毛で、何か宗教対立の様相に似てきてしまうのです。科学者は必ず検証、もしくは反証という過程によって説得され、前へ進むことができるものです。地質学といえども例外ではありません。

私は、学会などで、違った仮説を持つ研究者同士の意見の対立する場面に遭遇し、研究者同士が感情的になっているのを見ると、いつも思うことがあります。感情的にならずに、それぞれ実行可能な検証もしくは反証すべき課題を自ら提案して、一緒に取り組めばいいのに、と思うのです。実行できる検証法を提起できない仮説は「物語」なのです。また百年経てばわかるなどという種類の検証の提案は、一般には検証方法の提案の中には入れないものです。それは、今、検証できないということと同義だからです。

ポストパラダイム論

クーンの「科学革命」、パラダイム論は、地球科学に大きな影響を与えました。「革命」という刺激的な言葉を使ったことがひとつの理由かもしれません。プレートテクトニクスの成立に多大な貢献をしたカナダのツゾー・ウィルソンが、率先してこの用語を使ったことも大きかったでしょう。一九六〇年代という時代は、アメリカの進めるベトナム戦争が泥沼化し、キューバ危機以降の米ソ冷戦がピークに達していました。カリフォルニア大のサンタクルス校やバークレー校は、反戦ヒッピーの大集合する場所ともなっていました。第二次大戦後生まれの団塊世代が世界中どこでも青春まっただ中の時代であり、彼らが時代の閉塞感から抜け出たいと願う時代でした。日本でも六〇年代は学生運動の最も激しい時代でした。そんな中で実際の社会ではなく、科学の「革命」という提案は、未来を照らすロマンとして写ったのでしょう。そして社会の体制を根本から変える「革命」に似て、それまでの科学の理論体系としてのパラダイムの転換こそプレートテクトニクス革命であったのでした。

しかし、社会の革命もそうであるように、プレートテクトニクス革命は、フランス革命やロシア革命のように、乱暴にそれまでの体制をすべて破壊するような変化であったのでしょうか？あるいはイギリスの名誉革命のように良いものは残し、漸次的に変革を施したものなのでしょうか？

運動学のみとはいえ、それまで想定していなかった大規模なプレートの水平運動を理論の中心に据えて、火山、地震、地殻変動、海洋底拡大、造山運動などを体系的に整理したのですから、明らかに新しいパラダイムの成立であり、革命であったことは明らかです。大きな枠組は変わりました。しかし、それらを構成する個別的な理論体系、たとえば、地質学における堆積作用、変形・変成作用、火成作用などの到達点は、ほぼそのまま引き継がれたのです。

何やら、明治維新（維新とは革命のこと）において、権力中枢の実態は幕府から朝廷＋薩長に代わったにもかかわらず、法を体系的に整備し、それぞれの地方を支配する体制は、藩を県と変え、藩主を県知事として温存したのに似ている気がします。

パラダイム転換＝革命論は、そのドラスティックな変化に注目した科学史に関する哲学的議論です。このクーンのパラダイム論は、革命に貢献する科学すなわち「革命的科学」こそ、意味があり、革命期ではない通常科学はつまらないという雰囲気を醸し出します。ですから、「パラダイム転換」をめざせ、というスローガンが生まれることとなります。しかし、本当に革命期の科学のみが、科学にとって本質的なのでしょうか。通常科学に注目した議論も必要に思います。

これまでパラダイムが変わっても変化しなかったものがあります。それは近代科学が成立して以来、議論が積み重ねられてきた「科学とは何か」、「科学の方法とは何か」という定義のように思います。観察・観測、理論、実験の歯車をまわす。論理的には帰納、演繹。そして、仮説、検証、反証を繰り返し、自然そのものへ近づいていく知の体系、すなわち科学を進めるという方法です。

完全演繹で理論の体系を整備すべし、と強調したのが、カール・ポパーでした。彼は反証の重要性をとくに強調しました。自然の第一原理から出発して演繹的に提示された仮説は、ひとつでもその予測が提示する事実と異なる反証が示されると、その仮説は廃棄されることを強調したのです。物理学においては反証主義が重要な方法論です。

それに対し、帰納法と演繹法を組み合わせた仮説は、それに合わない事実に対しては、仮説の部分修正によって科学は進むのである、そのような仮説検証型の繰り返しによって真理に近づく、ということを強調したのが、ラカトシュの科学プログラム論でした。地質学や物理的観測の経験、すなわち観測も組み合わせて提示される地質学的研究の進展に対する科学方法論は、このラカトシュの科学プログラム論がより適合性が高いように思われます。

さて、クーンのパラダイム論に関しては、通常科学の軽視という批判だけではなく、そもそもクーンは、パラダイム転換を科学の進歩とは見ていなかったという批判もあります（『科学は合理的に進歩する』[11]）。パラダイム転換によって捨て去られる知識と獲得される知識の量は、似たようなものであり、知識の総量は増加してはいないと見ていた、つまり知識量の増加を進歩というのならば、クーンの科学革命論は、進歩を意味しないと見ていたというのです。科学における進歩とは、より自然理解の本質に迫ることですから、より単純化され、必要な知識量が減ることは進歩だと私は思うのですが。

このように科学の方法をめぐる議論はより精緻になっているようです。

さて、そのような科学の方法や哲学をめぐる議論と地質学を考えるときに、避けて通れないのが「複雑系の科学」です。なぜなら、これはニュートン、ガリレオ以来の、科学全体の方法論と自然観を覆す大革命、本当のパラダイムの変換だと強調されているからです（たとえば、米沢富美子『複雑さを科学する』[12]）。とくに「物のコトワリ」を問う物理学の分野で活発に展開され、数学における非線形数学とともに、日本でもいくつかの大学で複雑理工学と冠した研究体制がとられるようになりました。「複雑系」に関する翻訳書、普及書は数多く出されています。それらをかいつまんで見て、地質学における科学との関連でどのように考えたらよいのかを見てみましょう。

複雑系科学の勃興

ガリレオ、デカルト、ニュートン以来推進されてきた科学の方法、要素還元（分析）と総合によって世界を描くという方法の限界が、一九八〇年代以降はっきりと見えてきました。そこをいかに突破すべきか、という模索が本格的にはじまったのです。先に記したように、中谷宇吉郎が五〇年前に指摘していたことが前面に躍り出たわけです。それらが「複雑系の科学」と呼ばれるようになったのは、一九八〇年代以降です。

日本の地質学の世界では、プレートテクトニクスの受容が本格化し、日本列島論やアジアテクトニクス論が盛んに議論されていたときです。また、世界的に見てもプレートテクトニクスの成立によって、プレート境界過程などの詳細が盛んに研究されていた時代です。しかし、一方でパラダイム転換としてのプレートテクトニクス革命はすでに終了し、クーン流にいえば通常科学の精緻な詳細を仕上げていく時代だったともいえます。二〇一一年に亡くなられた長年の友人、故玉木賢策氏が、八〇年代に「今はポストプレートテクトニクスプルースの時代だ」と言っていたのを思い出します。

一九九〇年代以降、地球内部構造の異方性やマントル対流、プルームの上昇・下降流など、地球に関する新しい発見は付け加わりましたが、地球観を根本から変えるような、プレートテクトニクス革命を超えるパラダイム転換が起こったようには思えません。マントル対流と結合あるいは非結合したプレートテクトニクスという枠組みに変化はないからです。

そのような時代に、科学方法論の根本を揺るがす複雑系の科学の重要性が浮かび上がったのです。

物理学の世界では、数学者も参加して、一七世紀科学革命以来の自然観の大革命がはじまろうとしているると大きな話題となりました。

要素還元主義からの脱却

先にも述べたように、世界を構成する物質を細かく分けていく、すると最小の構成要素とその相互作用がわかる。それを逆に総合すると世界全体がわかるはずである、というのが「要素還元と総合」という方法です。

地質学でいうと、地球の岩石は鉱物から構成されています。鉱物は原子がつくる結晶です。それらが、火成作用、変形・変成作用、堆積作用などによって、どのように変化するのかを理論と実験により物理化学的、演繹的に明らかにする。逆に、変化した岩石・地層を分析して、それに関与した作用を明らかにする、という方法がとられてきました。とくに古典地質学より後の二〇世紀地質学の特徴は、そのような要素還元的方法が地質諸作用の理解を進めてきたと言えます。プレートテクトニクス以降の固体地球科学分野における地球物理学と地質学の融合は、それをいっそう促進しました。

そのような地質学の発展は、第三章に記述したように、日本の地質学界の一部にあった物理化学vs歴史主義論争は、物理化学還元派の勝利であったと言えます。

物理学の分野における素粒子物理学の進展とクォークの発見、大統一理論である「超弦理論」の提案は、その要素還元主義のいきついた到達点です。また、生命科学では、DNA発見以降の遺伝子還元主義として、二〇〇三年の全ヒトゲノムの解読へ到達したのです。

しかし、要素還元の終着点らしきものが見えてくると同時に、要素還元とその総合だけで世界の理解はなしえるのか、と多くの科学者が脇においてきた疑問が浮かび上がったのです。

アリストテレスがプラトンに反論した二〇〇〇年以上も前の論争が、よみがえったような気がします。ルネッサンス科学革命時の、デカルトに対するベーコンの経験論の対峙にも似ています。複雑系科学の勃興は、一七世紀以前の経験主義的科学の復活と評価する議論も大変多いのです。

また、日本の地質学界で言えば、物理化学vs歴史主義論争にも類似の部分があったように思います。五〇〜六〇年代の論争を経験し、その際には物理化学還元論者であった伊東敬祐氏は、その著作の中で、日本地質学界におけるかつての論争は、現代風にいえば、この要素還元主義vs全体主義（複雑系科学）を本質としていたのではないかとの感想を記しています[13]。

第二章で記したように、自然における歴史、人間の歴史をどのように科学として取り扱うか、という課題は、「複雑系の科学」においても大テーマです。そこで扱われている議論は、哲学的に変化・発展をどう見るかというヘーゲルの弁証法をめぐる議論に似ており、言葉を変え、より数理的対象としてとらえられるようになってきたように私には思えます。

決定論からの脱却

「複雑系の科学」の研究対象は、複雑なふるまいをする系なら何でも対象となります。複雑な森羅万象の自然現象を、要素還元ではなく、全体として見たときの共通の法則を探ろうという挑戦です。地質学的な現象では、火成作用、変形・変成作用、堆積作用は、すべて「複雑系の科学」の対象と言っていいものです。そしてそれらの中の短時間の現象である、地震、火山噴火、大規模斜面崩壊、土石流、河川氾濫なども複雑系の現象です。

物理学では、それらの地球科学的な個別現象よりもっと細かく、現象や物質をその根源に関わる要素や根本原理に還元することで、自然を理解しようとする膨大な努力を積み重ねてきました。しかし、それらの要素を、最初の原因に対してひとつの結果が対応するというやり方で総合しても、身のまわりの現象を説明できないし、予測できないことが明確になってきたのです。

ニュートンの万有引力の法則が正しくても、空気の流れの中で落下する羽毛の落下経路、時間、落下地点の予測は不可能でしょう。このように、身のまわりの自然現象には、これまでわかっている物理化学法則を総動員して総合しても、解けない問題が山のようにあるということです。これまで、それらは物理学の対象ではなく、個別的現象として、目をつぶってきたとも言えます。

現象の原因となる物理化学法則の最初の条件や境界の条件に観測不可能なわずかな違いがあると、結果としての現象には予想しえないことが現れます。それをカオスと呼びます。ほんの少しの蝶々の羽ばたきが、やがて大ハリケーンにつながっていくという現象の場合、その最初の羽ばたきは誰も察知できないという例を引き合いに、バタフライ効果とも言われています。それぞれの要素や個別現象を支配する物理化学法則が正しくとも、相互作用によって（フィードバックといいます）次の原因に影響してしまうのです。これまでまともに科学が取り上げてこなかったこれらのことが、科学に残された大きなフロンティアというわけです。地質学的諸作用、地球の歴史、火山・地震・自然災害などの地質学的短期現象は、皆この複雑系の現象ですから、それに対応した新しい科学方法論が必要なのです。

決定論的カオス

カオスとは、初期の条件の観測不能な微小な違いが増幅し、予測し得ない結果になるということばかりではありません。初期の条件や境界の条件がわかっていても、結果が同じ安定的な解になるとは限らないものがあることもわかってきました。すべてが予測不能な現象であるわけではないことも重要です。初期の条件によって、ただひとつの安定的な解が得られるとしたのがこれまでの決定論的な議論だったわけですが、その初期条件の違いによって、解は安定的であったり、発散したり、同じ値にならずとも、ある範囲内を繰り返すような方程式の存在することが注目されるようになりました。結果が次の原因として働く場合に、促進する方向へ機能するのか、あるいは抑制する方向に機能するのかも、複雑系の重要な現象です。周期的現象は、そのような効果が原因となっている可能性もあるわけです。

周期的現象に注目して、そこから何とか地球の営みを理解できないかということで、「縞縞学」と銘打った研究が一時期なされました。周期的現象を羅列し、そこから地球の歴史を読み取ろうとする試みでしたが、それらを支配する原因と、結果としてのリズムを複雑系の科学として描き出すことが課題として残されているように思います。ひとつの原因にひとつの結果が対応する、あるいはそれらを重ね合わせればやはりひとつの解が予想できるというこれまでの決定論と違い、最初の条件によって、解のふるまいが異なります。最初の条件の違いは観測不能でも、結果のふるまいを見て、原因となったことの範囲を推定できる可能性が出てきたのです。一定の範囲で予測することが可能となるということから、決定論的カオスと呼びます。科学の役割は、自然に起こっている現象の原因と結果を探ることですから、従来の方法の限界が見えた現在、このアプローチと方法は大変有力に思えます。その際に用いられる物理化学法則は変わらないのですが、相互作用を取り入れた時間発展方程式として理解しようという挑戦となります。地質学には、この視点から研究すべき対象現象が満載されているように思えます。

フラクタルと階層構造

フラクタルとは、スケールを超えて、相似が成り立っていることです。これまでの科学は、たとえばスケールを小さくしていくと、どんどん単純になって要素が見えてくるはずである、あるいは逆にスケールを大きくしていくと細部の違いが平均化されて単純に見えてくるはずであると考えてきました。しかし、フラクタルは、スケールをいくら変えても複雑さが変化しない事象や現象があるという考え方です。地形や結晶成長の中に見事にその事例が示されました。そしてマンデルブロによって、冪乗則に従うその数学的構造も明らかにされました[14]。

地球科学で最も良く知られているフラクタルの例は、地震の大きさと発生頻度の関係のグーテンベルグ・リヒター則、地球表層の地形の凹凸の頻度、粉砕粒子の大きさと数の関係などがあります。これらは観測のスケールを超えて一定の冪乗の関係が成り立っているように見えますが、その成立スケールの上限と下限、スケールに依存した法則の関係など、今後検討すべき課題を多く提供しています。

カタストロフィー・対称性の破れ・創発

地質学は歴史科学であり、歴史科学とは、過去に起こった事件の原因を探ることであると第二章で記しました。地球で過去に起こった事件の原因を探ることが地質学の目的のひとつということになります。地球内部のグローバルスケールでは、数千万年時間スケールで検出される超大陸の成立や分裂、プレート運動の大転換、プルームの一斉上昇、造山運動などがあります。また地球表層では、全地球凍結、全地球温室、生物大量絶滅などの事件がありました。また、小惑星衝突、地球の内部原因と外部原因がカップリングしてもたらされる寒冷温暖環境激変なども事件です。より短い時間スケール、地域性をもつ狭い空間スケールでは、地震、火山、風水害現象も事件と言えます。

これらの現象も、カタストロフィー、対称性の破れ、創発などの言葉でくくり、より一般化してとらえようとしているのです。

これらはいずれも非線形現象です。そして歴史の中で二度と同じことが繰り返されることはありません。これらの歴史的事件を記述し、その原因を理解する鍵は、安定的現象から不安定現象へ移り変わり、そしてまた安定的現象へと移り変わった後に訪れる世界の記述です。

ヘーゲルの弁証法において発展とは、「量から質へ」「対立物の統一」「矛盾が発展の原動力」を特徴とすると言われていました。それが現代科学において、安定から不安定への変化を記述する一般現象として、カタストロフィー、対称性の破れ、創発などとして整理され、非線形現象としてより深い理解へ進もうとしているように見えます。開放系非平衡における非線形な物理化学現象として、地球史における事件を描き出し、理解することが、今後の地質学の発展にとってきわめて重要な方向であると思います。

新しい自然学

複雑系科学の勃興を受けて、日本の科学者たちは、どのように受け止めているのかを記してみましょう。地質学的森羅万象を対象として悶々とする多くの地質学の徒に、大きな励ましを与えてくれるように思えてなりません。

「自然を虚心に観察してその形や動きのあり方を記述し、そこに法則を見出そうとする努力はアリストテレス、ケプラー、ガリレイら科学の創始者たちがすべておこなったことである。そうした科学の基本的態度にわれわれが立ち返るだけである。…ミクロ世界の長旅の果てに、ようやく私たちは生成流転する経験世界に立ち戻り、自然学を作り直そうとしているのではないだろうか」（物理

学の蔵本由紀『新しい自然学[15]』、55頁）

「自然科学の「決定不全性」という概念は自然科学のほかのあり方をも教えてくれる。…近代自然科学の中枢的学科として君臨してきた物理学を通してだけ自然は正しく見られるとする観点（物理学中心主義、物理学帝国主義）は必ずしも健全な自然科学観ではない。それは機械の時代、分析の時代であった近代に適合的な自然科学観である」（数学史、科学哲学の佐々木力『科学論入門[9]』、158～159頁）

「従来の、還元主義的な方法では、〈極限の世界（引用者挿入）〉に行かざるを得ないのですが、カオスやフラクタルなど、まだまだ解かれていない謎が周辺にあふれています。新しい手法で研究すべき身近な現象は多くあります。私はこれを「等身大の科学」と呼んでいます。…例えば、「自然史」あるいは「自然誌」と呼ばれる科学…」（物理学の池内了『科学の考え方・学び方[16]』、182頁）

複雑系科学の勃興に注目する著者の多くは異口同音に、自然そのものの豊かさに再度注目し、新しい自然学を作ろうと呼びかけています。

しかし、次の指摘も重要です。

「複雑な法則が複雑な現象を生み出したところで、実はほとんど面白くない。単純な要素が、系全体として複雑な振る舞いを見せる、それが何より興味深いことではないか。…要素還元に則った分析的手法の限界を論ずるのは、まだ時期尚早である…」（物理学の米沢富美子『複雑さを科学する[12]』、115～116頁）

という意見も根強いのです。

実際、地質学においては、二〇世紀後半、ようやく物理化学的分析が本格化し、まだ「要素還元と総合」という手法が定着しつつある段階とも言えます。

それらの研究手法の限界がはっきりと示され、古典地質学時代とは異なる「自然学」として、複雑系現象を全面的に意識した科学として「地質学的作用」や「地質学的事件」が解明されるようになるためには、さらなる科学の発展が必要に思えます。今後、大いに挑戦すべき課題でしょう。

疑似科学と複雑系科学

「とんでも科学」とも呼ばれる疑似科学の問題は、地球科学にとってもきわめて重大です。未来を知りたいという人類の願いがあり、地球科学分野では地震予測、地球温暖化予測、自然災害予測をめぐって大きな議論があります。一方でこれらに関連する明らかな疑似科学は、懲りることなく次から次と登場しています。マスコミもそれが新しい科学の発見であるかのように振り回されているからです。

しかし、簡単に疑似科学だ、とんでも科学だと切り捨てる前に「科学とは何か」、「疑似科学とは何か」、ということに対してきちんと答えられなければなりません。

池内了氏の著作『疑似科学入門』(17)には、その点をどうとらえるべきかが記してあり、大変参考になります。

彼は疑似科学を第一種と第二種、そして第三種疑似科学に分けます。科学を少しでもかじった者にとっては、第一種疑似科学とはオカルトや迷信などの言葉に置き換えられるものなので、疑似科学だとわかりやすいのです。また、マイナスイオンなどの科学用語をちりばめた第二種の疑似科学は、時間がたつと化けの皮が剝がれるのでこれもわかりやすい。

しかし池内氏は、第三の疑似科学、すなわち複雑系の科学がからみ、未来予測が絡んでいる場合は、疑似性が巧妙であると言います。たとえば、地球温暖化と地球環境問題をめぐる課題、地震予知をめぐる課題などは、その典型的な例であるとしています。カオス現象による未来予測は大変困難であり、決定論的カオス理論による確率予測のみが現状では可能な論理です。第三の疑似科学はそこに決定論的未来予測が忍び込んだ議論であることが多いのです。

池内氏は、「複雑系に関わる第三種疑似科学は、体制や世間の趨勢に反発したくなる人が陥りやすい傾向がある」と言います。

「みんなが言うことに簡単に迎合せず、疑って文句をつけてみるという意味ではけなげな精神の持ち主と言える。…自分の物差しだけで世の中の寸法を測ろうとして、かえって自分が疑似科学化していることに気がつかないのである」（前掲書、176頁）

なるほどと思えてきます。これらに関しては、複雑系科学が提起した、ガリレオ・ニュートン以来の「要素還元主義の科学」「決定論的科学」という科学方法論における根本的問いかけを受けて考えなければなりません。温暖化予測や地震予測、自然災害予測等は、それらの現象が「決定論的カオス現象」であろうと限定つきで予想して（本当にカオス現象であったなら予測不能です）、ある一定の範囲で確率予測しているにすぎない事象です。それに対して、これまでの科学のように「決定論的予測」であるかのような間違ったレッテルを貼って反駁しても、嚙み合いません。

世界的に自然の未来予測をめぐる科学的議論がきわめて活発になされていますが、その際、各論者が採用している科学方法論と検証・反証可能性を見ることは、それらを判断する一つの材料に思えます(18)。

これに対して別な見方もあります。

最近、ユニークな科学ジャーナリストとして活躍されている竹内薫氏が、疑似科学についての見方を示しています(19)。科学をリードする科学雑誌 Nature にこれまで二回、疑似科学と最終的に評価された論文が掲載されたそうです。ひとつはあのスプーン曲げで一世を風靡したユリ・ゲラーの実証実験、そしてもうひとつはホメオパシーに関する論文です。それらはその後、再現検証されず、疑似科学とされるにいたったとのことです。

科学は仮説を提案する際に、検証方法のみならず、自らその反証可能性をも指摘しておくべきなのです。竹内氏は、疑似科学の可能性があっても、即断で排除せず、科学的検証の俎上に乗せていくことが科学の対象を広げることにつながるという、科学の側のある種の寛容さが必要だと述べています。

（1） この論争の経緯は、泊 次郎『プレートテクトニクスの拒絶と受容―戦後日本の地球科学史』（東京大学出版会、二〇〇八年）にも紹介されている。
（2）プラトン著（三島輝夫・田中亨英訳）『ソクラテスの弁明・クリトン』講談社学術文庫、一九九八年。
（3）岩田靖男『ギリシャ哲学入門』ちくま新書、二〇一一年。
（4）中谷宇吉郎『科学の方法』岩波新書、一九五八年。
（5）村上陽一郎『新しい科学論』講談社、一九七九年。
（6）活断層研究会編『日本の活断層』東京大学出版会、一九八〇年。
（7）毛利 衛『日本人のための科学論』PHPサイエンスワールド新書、二〇一〇年。
（8）トーマス・クーン（中山 茂訳）『科学革命の構造』みすず書房、一九七一年（原書一九六二年初版、一九七〇年第二版）。
（9）佐々木 力『科学論入門』岩波新書、一九九六年。
（10）都城秋穂・安芸敬一編『変動する地球3造山運動』岩波講座地球科学12、一九七九年。
（11）ローダン（村上陽一郎・井山弘幸訳）『科学は合理的に進歩する—脱パラダイム論に向けて』サイエンス社、一九八六年。
（12）米沢富美子『複雑さを科学する』岩波ライブラリー、一九九五年。
（13）伊東敬祐「混沌の中に秩序をさがす」月刊地球、9巻1号、27-32、一九八七年。
（14）マンデルブロ（広中平佑監訳）『フラクタル幾何学上・下』ちくま学芸文庫、二〇一一年。
（15）蔵本由紀『新しい自然学—非線形科学の可能性』岩波書店、二〇〇三年。
（16）池内 了『科学の考え方・学び方』岩波ジュニア新書、一九九六年。
（17）池内 了『疑似科学入門』岩波新書、二〇〇八年。
（18）フロリン・ディアク（村井章子訳、川島博之解説）『科学は大災害を予測できるか』文藝春秋、二〇一二年が大変参考になる。
（19）竹内 薫『科学嫌いが日本を滅ぼす—「ネーチャー」「サイエンス」に何を学ぶか』新潮選書、二〇一一年。

第五章

現代地質学の方法と自然観

ゴーギャン「われわれはどこからきたのか　われわれは何者か　われわれはどこへ行くのか」（1897-98）（http://ja.wikipedia.org/wiki/ポール・ゴーギャン）

「私たちは何者なのか？どこからきて、どこへ行くのか？」は、ゴーギャンの絵に込められた問いかけです。この問いに答えるために人類は考え続けてきました。私たちという主語をさまざまに変えて、答えようとしてきたのです。「私たち」を「地球」に置き換えたのが「地質学」だったわけです。科学とは、自然の森羅万象を分けて（分科する）、その分けられた分科を対象として、「何者、どこからきて、どこへ」の問いに答えようという知的作業のことです（佐々木力『科学論入門』）。だからその定義からして「科」の「学」は、「分ける」すなわち冒頭の文章の主語を変えながら進んできたのです。科学が、自然そのものの体系、システム、階層性などを反映した知識体系である所以です。

地球を対象とした科学の名称として、あまりにも多くの名前が使われています。Geology は第一章で記したように老舗の地球科学ですが、二〇世紀に入り Geophysics（地球物理学）が発展しました。また化学的方法によって地球を研究する Geochemistry（地球化学）も同様です。物理や化学は研究の方法による区分ですが、研究の対象はやはり地球です。地球物理学や地球化学の対象は、地質学が伝統的に取り組んできた大地の下の固体地球に限りません。大気、海洋、超高層大気、あるいは地球から遠く離れた宇宙空間、惑星系などにも研究対象を広げます。

そこで、これらの新しい発展を包括する科学をどのように呼ぶといいのかという議論が繰り返しなされてきました。地球を科学する最も古い歴史を持つ欧州では、欧州地球科学連合（Europian Geoscience Union）という名前のように、包括する言葉として Geoscience（ジオサイエンス）という用語が採用されています。アメリカの全米科学財団（ＮＳＦ）でもジオサイエンス部（Geoscience Division）がこの分野を仕切っています。ここでは、対象が大気・超高層科学、海洋科学、地球科学、地球生命科学に区分され、日本の科学研究費に相当する研究費支援をしています。Geoscience Division の下にある地球科学（Earth Science）は、地質学と固体地球物理学を融合したセクションとなっています。アジアオセアニア地球科学会も Asia Oceania Geoscience Society です。

日本地球惑星科学連合は、二〇〇八年社団法人となる際に、その英語の名称問題が議論となりました。日本語名は地球惑星科学連合ですが、英語名は Japan Geoscience Union としました。Geoscience を地球惑星科学と訳すことに異論がなかったわけではありません。英語と日本語の間に大きな違いがあるように見えるからです。

それまで地球惑星科学関連学会が合同で春に大会を開催することをリードしてきたのは、主に理学系の基礎科学を基にしてきた分野でした。そこでは大学の教育研究体制の改革の中で、「惑星」という言葉の入った地球惑星科学の名が、学科に冠されるようになっていました。その背景が意識されて、日本語名には「惑星」を入れることとなったのです（アルファベットの省略形はＪｐＧＵと小文字のｐが入りますが、これはＪＧＵという団体が他にもあるのでそれと区別するためです）。科学の進展とともに名が実と合わなくなることは多々ありますが、一方でこの分野ではあまりにもめまぐるしく名前が変化しすぎなのではないかとも思います。

物理学、化学、生物学では、大分野の名前が変わることはありません（その中で細分化された専門分野の名称が変わる、あるいは新しく冠されることはよくありますが)。しかし、私たちの分野は主に手法によって細かく分かれ、その発展に応じて頻繁に○○学の名称がつけられて、かつ変化もしてきました。私自身、「テクトニクス学」などと半分遊びで呼んでみたこともあります。

Geoscience あるいは地球惑星科学という全体を包含する分野名で一〇〇年くらいは頑張り、その研究と教育を体系づけたいものです。

一方で、そのような名前には関係なく、「地球は何者なのか?どこからきて、どこへ行くのか?」という問いは、人類の生存が続く限り、問い続けられることは間違いありません。そのために、岩石や地層などを調べることは、過去のことを知ろうとするときに必須の営みです。その意味で地質学は永遠に不滅なのです。

普遍性と唯一性

地質学においては多くの場合、研究対象としてのフィールドを設定します。それは必ず地球上のどこかの地域です。最近では、いきなり学生が海外のフィールドに連れて行かれて、卒業論文なり、修士論文なりの研究をする場合も多くなっています。第二章にも記しましたが、一九八〇年代頃までは、日本の地質学の研究はほとんどが日本国内に閉じられていました。「(日本の)○○地域の地質」のような論文タイトルが多く見られたのです。日本以外の地域を対象とする研究は、特別なプロジェクトとか、資源探査とか、そのフィールドワークを裏づける資金がないと困難でした。一ドル三六〇円の時代ですから、莫大なお金が必要であったわけです。

逆に外国人が日本のフィールドを対象として研究するには、良い条件にありました。プレートテクトニクスから見ると、日本列島は沈み込み帯を研究するための絶好の素材です。すなわち、日本の〇〇地域に、「沈み込み帯」という普遍性を持った「お宝」があることに気がつき、次々と外国から研究者がやってきたのです。

とくにフランスからの留学生の多さにはすごいものがありました。当時フランスでは徴兵制が敷かれており、学生といえども徴兵義務から免れえなかったと聞いています。しかしそこには例外があり、海外留学して国のために尽くせば兵役が免除されるというのです。フランスでは実際に戦争へ行くのはほとんどが外国人傭兵だということですが、厳しい兵役訓練を避けたいのは万国共通の思いでしょう。

一九八〇年代、「日仏海溝計画」という国際共同研究計画が立ち上がり、実に多くの留学生がフランスからやってきて日本の地質を研究しました。当時、私はその様子を見ていて、明治維新期のお雇い外国人地質学者訪日以来のことだと思ったものです。彼らは、「日本の地質をフレンチモードに変える」と豪語してはばかりませんでした。

彼らの研究対象は、もちろん日本列島の地域テクトニクスなのですが、彼らはそれを現在の海溝の研究とつなげ、アジア全体や西太平洋域全体の中で物事を考えるのです。一九八〇年代初頭は、プレートテクトニクスによって世界の地質を全面的に見直そうという時期に符合していたので、なおさらその視点が強調されていました。

第二章に記したように、私たちは北海道という日本列島の地域地質を対象として、何とかプレートテクトニクスの枠組みにのせて問題をとらえ直そうと研究を進めていました。そこにもフランス人研究者たちは押し寄せてきました。私たちはこれ幸いとばかり、彼らとも実に良く議論しました。

これら外国人の日本への「侵入」と、プレートテクトニクスによる日本列島の見直しは、地域地質を超えた地球の中の普遍性を知る上での唯一無二の存在としてのフィールドの位置づけを強く意識させることとなりました。そのようなとらえ方は、プレートテクトニクス革命以前はきわめて希薄であったと思います。

北海道地域の地質学的研究の中で、地球の理解という普遍性につながる可能性のある対象のひとつは、日高山脈に露出する島弧地殻の岩石でした。第二章で述べたように、それまで日高山脈は古典的造山運動によってできたと説明されてきました。しかし、小松正幸氏らのグループによって、それらの岩石は島弧深部で進行する大陸性地殻の形成によって作られたものであるとされ、それまでの学説が全面的に塗り替えられました。私もまた、山脈としての日高の上昇は、貝塚爽平氏らが指摘した海溝や島弧が折れ曲がる島弧会合部地域における衝突テクトニクスによるとすると、実によく説明できることに気がつきました。これらのことはいずれも、世界中を見渡しても、きわめてユニークな現象であるのです。そして、このような日高山脈の形成過程とその歴史の普遍性が持つ科学的意義を強く意識することとなりました。それは、北海道がどのようにできたかという地域的な関心をはるかに超えて、その地域の研究が地球の理解に直接つながるという意味を持つこととなったのです。

それは単に、「この地域の地質や岩石は、アルプスの○○地域と同じだ」という類似性のみを指しているのではありません。ここ北海道で見られる岩石や現象は、島弧の下ならどこにでも普遍的に存在するはずです。しかし、実際に地表に露出した岩石として手にして見ることができるのはここだけなのです。また島弧会合部ではどこでも衝突現象が起こるのですから、この地域のテクトニクスや地殻変動などは、それらを理解するための普遍性を持つわけです。このように、「発信型の説明と仮説」を提示できることとなったのです。

力ある仮説

第三章で、科学は仮説の構築とその検証、反証という科学プログラム過程を経て、真実へ近づくと記しました。その検証方法の提示において、それまでの科学では発見できていないものを多く予想でき、その発見のための研究が一斉に起こる、となれば、仮説はたちまち検証され、事実として定着していくことになります。

プレートテクトニクスでは、そのような研究が次々と進んだのでした。日本で起こった放散虫革命もそうでした。新たな事実発掘のために大々的な研究の「ブーム」が起こったのです。そのような作業の仮説には大変な勢いがあります。

それに対して、次々と明らかになる事実を説明するのに躍起で、新たな事実を発掘する「勢い」のまったくない仮説もあります。プレートテクトニクスはいまだ仮説であるから、別な仮説もありうると主張し、提案されていた「地球膨張説」や「垂直変動説」は、それを検証するための事実発見に向けた研究課題をほとんど提示できず、見放されました。また、日本に長い間生き残った「地向斜造山運動論」も同様でした。その仮説から引き出される研究課題がきわめて脆弱であり、研究者を惹きつける力がなくなっていたのです。

プレートテクトニクスに基づく「地域」の見直しは、大変な勢いがありました。古典地質学の基本は、第一章で示したように、地層や岩石形成の順番を決めることに尽きるのです。プレートテクトニクスは、それらの順番の見直し、地質諸作用の起こった場所や年代の見直しを迫ったのでした。

そのような再検討は、一九八〇年代中にほぼ日本全国に及びました。地質調査所発行の日本地質図は、付加体というプレートテクトニクスの下で成立した新しい地質用語によって全面的に書き換えられました。また、一九八〇年に全国統一基準によって作成された『日本の活断層』は、日本列島の活発な地殻変動の様子を明らかにするとともに、北海道、東北日本、中部日本、そして西南日本という地域によって、その特徴が大いに異なることを明らかにしました。

斉一主義の再認識

古典地質学の中で強調されていたものの、残念ながら日本の地質学の中ではなかなか根づかなかった「斉一主義」の重要性が改めて浮かび上がったのも、プレートテクトニクス以降の現代地質学の特徴です。斉一主義とは、繰り返しますが「現在は過去の鍵である」という言葉によって表されます。過去の地球においても現在の地球と同じ現象が起こっていたことを前提として過去を理解するという視点です。現在、起こっている地質作用とは、火成作用、堆積作用、変形・変成作用に代表されます。プレートテクトニクスは、現在の地球で起こっている地震、火山、地殻変動などの現象を統一的に説明する運動の理論として登場しましたが、そのフレームの中で起こる地質諸作用は、過去においても同じであるとして過去を調べるという視点です。

二〇世紀以降の地質作用の研究は、その物理化学的な素過程を理解することを主眼として進んできましたから、結局、斉一主義とは、過去の地球においても地球における地質諸現象を支配した物理化学法則は変わらないという、当たり前のことを言っていることになります。これは今から見ると当然ですが、二〇世紀初頭には、万有引力定数Gが地球の歴史を通じて一貫して同じであったとは限らないとか、その変化に関連して地球膨張が急速に起こったかもしれないということがまことしやかに議論されていたわけですから、結構重要な視点であったわけです。

現代斉一主義と時間スケール

斉一主義は、過去の理解だけではなく、現象の時間スケールを理解する上でも大変重要です。地質学的に観測される現象の多くの時間スケールは数百万年以上です。しかし、現在の地球上で観測される地震や火山、地殻変動などの活動の時間スケールは数秒から数十秒、数十日から数年のものが多く、長くても数百年スケールです。二〇一一年の東北地方太平洋沖地震は八六九年の貞観地震以来のものであったことが大きな話題となりましたが、地震学がこれまで取り扱ってきた時間スケールはたかだか百年スケールであったことを改めて知らしめることとなりました。千年スケール、万年スケールも含めて自然を見ることの重要性が浮上しました。

斉一主義とは、地質学的時間スケールでは、海の底が大山脈の頂上にせり上がるような、地質学的にとてつもなく大がかりに見える現象でも、実は、現在地球上で進行する少しずつの運動の積み重ねの結果であるという時間スケールの違いを強調する意味を持っていました。すなわち時間スケールを長くすると、現時点では感ずることのできないわずかな自然現象でも、とてつもない結果になるということです。

現代斉一主義と激変事件

しかし、斉一主義の持っていた、いつも同じような速度で現象が進行するという含意は、その後修正されました。先にも記しましたが、一九八〇年代以降の微惑星衝突による恐竜絶滅事件の発見が契機です。そもそもキリスト教が主張する「ノアの洪水」のような激変事件によって生物種が取捨選択されたのであるという仮説を全面否定するために、斉一主義による生物の漸移的進化と化石の変化が対峙されたわけです。しかし、生物の進化の過程には、漸移的変化だけではなく激変事件もあったことがわかったので、これを新しい激変説という意味のネオカタストロフィズムと呼ぶようになったのです。この新たな激変説は私たちの地球観を変えることになりました。

つまり、個別的な激変的事件があったとしても長い時間スケールでは、それが平坦化され、漸移的であるように見えやすいので、ますます過去の事件の時間スケールを問題にしなければならないことがはっきりとしてきました。たとえば生物大絶滅事件、海洋無酸素事件など、生物の消長と環境の激変に関わる事件が、どのくらいの短い時間スケールで起こったのかが、いまや大変大きな関心事となっており、その原因を探る研究が注目を集めています。

一方で、大山脈や海洋底の消長、超大陸の形成や分裂など、数百万年を超える地質学的時間スケールで認識される現象があります。これらの現象も静かに少しずつ進行するのではなく、「非日常的カタストロフィー（激変事象）」と日常的に進行する準静的過程が複合して、その繰り返しと累積が原因であるという認識が急速に広まっています。たとえば、巨大地震時には激変的な地殻変動が生じ、またそういう巨大地震が繰り返し起こってきました。しかし、一〇〇年間程度の観測に基づいて、その繰り返しを足し合わせただけでは、造山運動などの地質学的スケールの変動としては決して帳尻が合わないことがはっきりしてきたのです。この矛盾から、激変的大地震が繰り返しもたらす弾性的ひずみ蓄積解放ではなく、非弾性的な変動こそが地質学的時間スケールの造山運動などを担っているという変動像が浮かび上がってくることになります。

ではその非弾性的な変動とはどのようなものなのでしょうか？プレート境界における地震からゆっくりすべり、そしてクリープ現象まで、観測される変動はすべて岩石の変形破壊が担っているわけですから、岩石に残されている非弾性的な流動変形メカニズムの理解が大変重要です。

生物の進化に関わる研究や、大地の変動の歴史に関わる研究は、激変事件に加えて日常的に進行する不可逆現象、それらを複合的にとらえて理解することが重要であることを示しています。それが激変説以降の現代斉一主義と呼ぶべきものであると思います。

斉一主義実行のための方法

現代的斉一主義の提示するもうひとつのきわめて重要な内容は、「現在は過去の鍵である」ことを研究としてどう実行するかという方法論に関わる問題です。

たとえば、プレート沈み込み帯で形成された地下深部での岩石は、日本列島でも地表に広く露出しています。マントル深部からもたらされた岩石や、地殻下部のマグマだまりで固まった石もあります。それらの岩石の形成は、火成、堆積、変形・変成などの地質諸作用の結果として理解されるものです。が、その諸作用が現在進行中の現場は、直接目にすることのできない地下深部です。直接目にすることも手にすることもできないので、それらを厳密には検証できないと言ってしまうこともできるかもしれません。しかし、科学はそこで諦めずに挑戦を続けてきました。

ひとつは実験です。地下深部で予想される高い温度圧力条件などの下で実験し、実際の岩石から想定される観察結果の再現説明を試みます。反応の速度に関わる時間の再現は無理ですから、そこは温度を上げて時間の条件との取り替えなどを行います。このようにして実験岩石学、実験構造地質学、実験堆積学などが発展してきました。しかし、それでも実験だけではまだリアルワールドには遠いので、少しでもリアルワールドに結びつけるために観測は必要です。

地下深部まで掘削できれば完璧ですが、現在日本が持つ世界最深まで掘削できる地球深部探査船「ちきゅう」でも、たった一〇キロ深が限界です。ですから観測については、地質学的な観察ではなく、地球物理学的な観測がより重要となってくるのです。すなわち、地質諸作用の研究において斉一主義をきちんと実行しようとする場合、その方法として物理学的観測との結合が欠かせないということです。

日本は、明治以降、この国の発展のために突貫工事で地質学を輸入しました。二〇世紀に入ってから、地質学とはまったく別に、物理学の応用延長として地球物理学が発展しました。一方、欧州とくに英国では、斉一主義を地質学の研究の指針として高く掲げ、二〇世紀に入ってからは物理学の進展を意識的に地質学に組み入れていったので、日本とは地質学と地球物理学との関係が明らかに違っていたのです。

日本では、花崗岩や安山岩など基本的な岩石名やその化学組成すら教育されず、それらを知らない地球物理学徒が多くいました。また、地殻やマントルの地震波速度などの物性、アイソスタシーなどの地球の基本的物理を知らない地質学徒が生み出され続けたのです。

それは、一四〇年前の科学後進国としての出発から宿命的に規定されていたと言うことはできます。しかし、前にも記したように、それを克服する上で最も大事であったはずの「斉一主義」の徹底を置き去りにしたことが、プレートテクトニクス革命の受容の遅れの背景にあったと私には思えてなりません。その教訓を踏まえて、方法の相互交流、総合的な教育体制は確立したと言えるでしょうか。新しい世代が十分にそれらに精通し、研究でも大きな成果を挙げるようになってはじめて、科学の遅れが克服されたという時代がくるのだと思います。

日本の大学の教育においては、一九九〇年代以降改革が試みられてきました。時はすでにプレートテクトニクス革命を進めた固体地球科学のみがジオサイエンスの中心とは言えない時代に突入していました。地球環境問題が大きく浮上していたからです。しかし、科学を推進すべき方法に大きな違いがあるわけではありません。地球の現在を知り、過去を知る、そして未来を予測する。その際に現代地質学が「斉一主義」的視点を一層徹底することが、引き続き鍵となるのは確かだと思います。今からでも遅くはありません。科学と教育は、百年の計を持ってなされるべきものなのですから。

国際深海掘削計画

この節では、少々我田引水とおしかりを受けるかもしれませんが、現在私たちが進めている研究を例として、現代の地質学の自然観、科学方法論を考えてみたいと思います。

海洋研究開発機構の所有する地球深部探査船「ちきゅう」は、現在、世界で最も深くまで研究のために地球を掘ることのできる掘削船です。この船のでき上がったのは二〇〇三年ですが、この船の建造計画をスタートするにあたり、一九九七年に世界中から東京に科学者が集まりました。当時は、船の名前も決まっていませんでした。

この研究集会で、海底下一〇キロの深さまで掘ることができるとしたら、どのような画期的な科学が可能かを議論したのです。さまざまなアイディアが出されました。

日本の近海での掘削が必要であるということも加味され、まだ名もなくできてもいない新しい掘削船による研究対象として、西南日本の沖合の海溝、南海トラフを最初のターゲットとすることが合意されました。

船の建造とともに、掘削地点周辺の詳細な観測と準備が開始されました。実際に掘削が開始されたのは二〇〇七年ですから、ほぼ一〇年の歳月を準備に費やしたことになります（詳しくは後記）。

さて、深海掘削計画には長い歴史があります。第三章に記した一九六〇年代のプレートテクトニクス革命は、海洋底の研究が大きなブレークスルーをもたらす原動力になりました。しかし、海洋底拡大説に基づくプレートテクトニクスには、検証すべき仮説が多くありました。海洋底テープレコーダ仮説、トランスフォーム断層仮説、ホットスポット仮説などです。それらを検証するためにはどうしても海洋底を掘削し、その年齢や岩石に関するデータを取得し、実証する必要がありました。

そこでプレートテクトニクス理論を生み出した主舞台であったアメリカは、一九六〇年代末より、深海底掘削を独自に開始しました。これらは仮説検証型の大型プロジェクトとして大成功を納めました。一九七〇年代後半に入り、アメリカはこの深海掘削計画への参加を世界中から募りました。日本も東大海洋研究所を窓口として正式に参加することとなったのです。もちろん研究費の分担金を払わなければなりません。

この深海掘削計画への参画が、日本の地質学界へ多大な影響を与えました。時がちょうど「放散虫革命」の最中であったこともあり、日本の地質学界が大きく変わる契機ともなりました。また、日本海溝や南海トラフで掘削が実施されたので、現在のプレート沈み込み帯をリアルに実感する大変重要な機会となりました。

そして一九九〇年代まで、国際計画としての深海掘削計画は、世界中の海洋底に膨大な数の孔をあけて研究を継続したのです。採取された海洋底の堆積物は、億～数千万年間という長い間の地球の気候変動を明らかにしましたし、海嶺や海溝などのプレート境界での掘削研究は、地球表面と内部間での物質やエネルギーの流れや構造を詳細に明らかにすることに成功していました。

しかし、アメリカが提供するただ一隻の研究掘削船だけでは、だんだん研究者の要求に追いつかなくなってきました。また海底から約二キロ程度しか掘れないという技術的な掘削深度限界もあります。科学的にはブレークスルーが起こりにくいプロジェクトになりつつあるとの批判も生まれはじめました。そして世紀の変わり目に向けて、今後の深海掘削計画はどうなるのか、関連する世界中の研究者が心配しはじめていたのです。

欧州からは、アメリカとは別に、特別な目的のため（たとえば北極の氷に覆われる海域での掘削や、大陸棚のような浅い海域）を掘るためのプラットフォームを独自に提供し、掘削研究を推進したいとの意向も示されました。

日本は、科学技術庁（当時）の所有する原子力船「むつ」の廃船後、どのような船を建造すべきかという「政治経済的」な議論が進行中でした。そこへ深海掘削計画と掘削船問題が浮上し、本格的に検討されることとなったようです。議論の詳細について私はもちろん知るような立場ではありませんでしたが、一九九六年、アメリカの掘削船による中米海溝コスタリカ沖の航海にはじめて首席研究員として乗船したときには、すでに国際社会では盛んにこの問題が議論されていました。

そして、その翌年、東京の代々木に世界中の科学者が集まった席で、先述のように、日本が新しい技術による掘削船を作ることが宣言されたのでした。

世紀転換点の科学計画作り

この新しい深海掘削計画について、国際的な議論がなされたのはちょうど二〇世紀が終わろうとする頃でしたので、他でもさまざまな場所で新しい世紀へ向けての科学と技術に関する議論が盛んに行われていました。

私は一九九七年に東京大学へ赴任しましたが、ちょうどあちらこちらでも活発な議論が展開されていました。東京大学理学部の地学分野では、一九九〇年代の大学教育大綱化（全国で教養部廃止へつながりました）、大学院重点化の流れの後、地球物理学、地質学、鉱物学、地理学と分かれていた教育をどう統一するかという議論がはじまっていました。二一世紀へ向けてどのように専門教育を改革構築するのかが議論の柱です。地質学において、これまで縷々記してきたような問題が全面的に問われていたのです。

これらの議論のポイントは、これからの科学の発展をどのように見通すかです。東京大学のこのときの選択は、学部においては地球惑星物理学科、地学科(後に地球惑星環境学科と変更)と従来の枠組みを残し、大学院においては地球惑星科学専攻として融合するというものでした。そしてその専攻を研究対象によって、宇宙惑星科学、大気海洋科学、地球惑星システム科学、固体地球科学、地球生命圏科学に区分し、教育と研究を推進するというものでした。

この議論の過程で、私たちは、いくつかの国の研究推進体制や教育体制、そして研究プログラム構築過程などを調べました。

先に全米科学財団(NSF)のジオサイエンス部に関して記しましたが、そこが科学者コミュニティーを巻き込んで、二一世紀のジオサイエンスと題して、今後の方向をまとめた指針書を二〇〇一年に出しました。先に記したように、ジオサイエンス部は、大気・超高層科学、海洋科学、地球科学、地球生命科学に分かれています(宇宙や惑星に関わることはNSFではなく、NASAが扱っています)。その指針書には、これからはもっと環境をやれ、地球のメタボリズム(代謝=物質エネルギーフラックス)をやれ、生命科学を大胆に巻き込んでやれ、と書いてありました。メタボリック症候群はその後日本で大流行りの言葉となりますが、この指針書には、地球環境問題は地球のメタボリック問題だと書いてあるのです。今から見ても先駆的な指針書と言えるでしょう。

NSFなど、アメリカの科学に関する財政当局が、このような科学戦略書を出す場合、必ず広いボトムアップの議論を実施します。日本では、省庁に「○○審議会」と称するものができ、お上が指名でメンバーを設定し、そこで書き上げられたものを指針として財政出動の根拠としますが、アメリカではそれとはまったく異なり、公開討論と公開執筆という過程を通じて作り上げるのです。この指針書もそのようにして作り上げられたものです。そしてこれを基にして、NSFの他の科学部門と財政出動を競うのです。

アメリカの大学では、多くの大学教員の給料はたとえば九カ月分だけが大学から出ていますが、残りの三カ月分の給料とか、大学院生の給料、生活費など、もちろん研究費も含めて、外部資金を取らなければ成り立たない場合がほとんどです。したがって、研究費の獲得は死活問題です。ですから、研究費の動向を決める今後の科学プロジェクトの指針書作りには皆驚くほど熱心であり、かつ自分の研究の売り込みに必死です。

自分の研究がいかに重要であり、本質的であるか、それをアピールするのです。単なる「俺が、俺が」という主張では誰も相手にしてくれませんし、「年寄の力技」など科学の論理を踏み外したやり方が通用するわけでもありません。科学の大局の流れの中で主流としてリードできるかどうかを競うのです。結果として、会議での演説がうまく、明快な文書として戦略書を書き上げることのできる者が、リーダーとして育つことになり、プロジェクトを引っ張っていくことになります。そこに次々と若いリーダーが生まれるアメリカ社会の強さがあります。もちろんそのような機会は、外国人にも開かれています。

日本では、研究費の配分へつながるようなシステムにおいて、広くボトムアップの議論が展開される仕組みはありません。ボトムアップは時間がかかるのですが、多くのエネルギーを集積するために、科学計画策定などではとくに重要な方法であると思います。

さらに際立った日本との違いは、NSFのお役人は、皆ほとんどphDの学位を持ち、研究経験の持ち主であることです。そして、ある部署にいる人は、そこに長年張り付き、日本のようにすぐ異動するということがありません。ですから科学者コミュニティーの側からも彼らの顔が見えますし、役人の側からもコミュニティーの一人一人の顔まで見えていると言っても過言ではありません。日本ではまったく考えられないことです。

統合国際深海掘削計画（IODP）

二〇〇三年から、深海掘削計画は「統合国際深海掘削計画 Integrated Ocean Drilling Program」と名前を変えて、スタートすることになりました。日本が「ちきゅう」を建造し、米国と対等に財政出動する、そこに欧州連合も合流するというものになったのです。それまではアメリカ主導でしたから、大変な変更であり、日本の地球科学にとってははじめて本格的な国際プロジェクトをリードすることとなったのです。

その出発に際し、どのような新しい科学を実行するかという計画書が、国際的に多くの研究者が参加して作成されました。この計画書に記されている方針に従って、その後一〇年の掘削計画が実行されていくのです。

大きく三つの研究の柱が設けられました。地球環境、地球内部ダイナミクス、そして地球深部生命圏の解明です。それらを通じて地球システムの理解を促進するという戦略です。そして地球内部ダイナミクスの理解という目標の大きな柱のひとつとして、プレート沈み込み帯における地震発生帯の掘削が掲げられることとなったのです。それは、いうまでもなく、日本が建造を開始した「ちきゅう」の使用を前提としていました。

しかし、新しい国際深海掘削計画の基本的な計画書に、プレート沈み込み帯の地震発生帯掘削が示されたからといって、そのまま実行されるわけではありません。世界の海溝の中で、どこが一番適しているのか、その理由は何か、掘削だけではなく、他の科学的作業とどのように関係づけられているのか、などをきめ細かく記した実行のためのプロポーザルを書き上げて、それを評価のための国際委員会へ提出し、ランクづけされて、はじめて実行計画として認められるのです。

大まかな科学的意義、たとえば、「今、なぜ沈み込み帯の地震発生帯掘削なのか?」ということは、全体の計画書に記されているのですが、提案する側の科学者チームは当然、その科学的意義をより具体的によりはっきりと主張できなければなりません。

たとえば、プレートテクトニクス理論確立以降、沈み込み帯に関しては膨大な研究が蓄積されてきたのに、今さらなぜ改めて行うのか?ということとか、惑星科学が大いに発展している中、地球における研究の意義だけではなく、惑星科学と関係して改めてどのような意義があるのか?とか、地球環境問題、地球生命科学などが新しい科学的課題として浮上しているが、それに対して沈み込み帯の研究はどのように関わり、具体的にどのような貢献をするのか?などということに対しても、明確な答えをする必要があるのです。

これらの質問に対する研究の意義をいつも鮮明に位置づけておくことは、掘削の科学目的を新鮮に保つというだけではなく、実は地球科学そのものを発展させる上でも大変大事なことです。なぜなら、別の目的を持つ他の研究プログラムでも同様のやりとりが行われる中で、地球惑星科学全体の科学目的を磨いていくことにつながるからです。

これらに対する答えは、その時々の科学計画書にあたってみると明確に記してありますので、関心のある方はぜひ参照されるようお勧めします。

南海トラフ地震発生帯掘削計画

さて、南海トラフを掘削する計画の提案にあたり、私たちは四つの特別の意義を強調しました。

その第一は、現在、地球上には総延長約四万キロにおよぶ海溝がありますが、その中で東西千キロにも満たない西南日本沖の南海トラフが、なぜ特別の研究対象として選ばれたのかということです。これは、第四章でも記した、地域とグローバル、特殊性と普遍性の関係がどうつながるかという問題にいかに答えるかということです。

海溝では、繰り返し地震と津波が起こり、甚大な被害をもたらしてきましたが、南海トラフでは、その歴史記録が一三〇〇年前から残されています。それは世界で最も長い記録です。第二章で記した壬申の乱の勝者である天武天皇の治世の六八四年、白鳳の南海地震が起こりました。最古の歴史記録として、『日本書紀』に記されています。以降、この地域で巨大地震が一〇〇～二〇〇年間隔で繰り返し起こったことが歴史記録に残されています。

ここにだけ歴史記録がよく残されている理由は明確です。地球上で海溝が主に存在するのは環太平洋地域ですが、南北アメリカをはじめ他の太平洋沿岸域へ文字の記録を可能とするような文明が行き渡るのは、大航海時代の一五世紀半ば以降です。それより以前に地震が起こったとしても文字記録としては残されていないのです。海溝のあるインド洋でも同様です。ギリシャ・ローマ以来世界文明の中心があった地中海地域ではどうでしょうか。ギリシャ沖やイタリア沖に海溝があり、やはり地震と津波を起こしてきたところですから、記録があってもよさそうです。確かに、紀元四世紀と一四世紀にクレタ島付近で起きた大きな地震と津波は海溝に原因があるようだと推定されていますが、地震の繰り返し間隔が千年と長いらしいため、それ以外の記録はありません。以上のことから、南海トラフでの一〇〇年から二〇〇年程度で繰り返した巨大地震の記録は、世界で最長の歴史記録であるとともに、海溝で繰り返される地震津波を研究する上で他の海溝とは比べものにならない特別な研究対象だということです。

第二の特別な理由は、付加体の存在です。地球上の総延長四万キロの海溝全体を俯瞰したときに、海溝は大きく二つに分けて考えられます。ひとつは、海溝が土砂で埋まり、その土砂が沈み込むプレートによって陸へ押しつけられ、その結果付加体という厚い地質体が存在する海溝です。もうひとつは、海溝に流れ込んだ土砂は少なく、付加体の発達しない海溝です。二〇世紀を通じて海溝で起こった巨大地震は、すべて付加体の発達する海溝で起こっていました。それについて世界的な地震学者である金森博雄氏らは、土砂の存在が沈み込む海洋プレート表面の凹凸を平滑化し、プレート境界の接触固着域の面積を拡大するために、地震時の破壊領域を大きくするので、巨大地震が発生するという説明を与えていました。このことから、海溝が土砂で埋め尽くされ、大規模な付加体が発達する南海トラフは、付加体と海溝型巨大地震の関係を理解するにはうってつけの海溝と見なされたのです。

ただ、この論理は、二〇一一年の東北地方太平洋沖地震によって大きく問い直されることとなりました。東北沖の日本海溝は土砂が少なく付加体も発達しない海溝であったからです。

第三の理由は、現在地震や地殻変動などの観測網がこれほど整備されたところは世界の他にはないということです。一九九五年に発生した兵庫県南部地震（阪神・淡路大震災）の後に、日本列島を覆い尽くすように地震と測地（ＧＰＳ）の観測網が整備されました。その後一〇年間ほどにわたる観測結果から、驚くべきことがわかりました。西南日本は、沈み込むフィリピン海プレートと固着し、一緒に西北西へ動いていたのです。地震が起こるとその動きが一気に反転することは容易に予想されます。すなわち、時々刻々と「その時」に向かって近づいているのです。

また、この観測網の整備によって配置された広帯域地震計は、これもまた驚くべき大発見をもたらしました。これまで巨大地震を起こしてきた「固着域」と推定されているプレート境界よりも若干深いところで、長周期の振動が検出されたのです。小原一成氏らによる世界初の大発見でした。プレート境界に沿ってのすべりが原因かどうかは必ずしも明らかではありませんでしたが、その後井出哲氏らは、それがプレート境界でのゆっくりとしたすべりであることを解明しました。

この新しい発見は、固着し巨大地震を引き起こしてきた、そして今後も引き起こすと予想されるプレート境界よりも深いプレート境界が、現在ゆっくりとすべっていることを意味します。そしてそのすべりは固着域でのひずみの蓄積と相補的であることが示唆されています。さらにそのゆっくりとしたすべりは、潮汐に絡んで周期的に発生しているように見えるというのです。シミュレーションの結果から、このゆっくりすべりをきちんと観測し続ければ、やがて起こる巨大地震の予測につなげられる可能性があることがわかりました。

このように、南海トラフでは、地震測地観測において世界をリードしていること、それが第三の特別の理由です。

第四の理由は、この南海トラフでは、これまで四国の足摺岬沖や室戸岬沖において何度も掘削が実施されてきており、それらの研究の蓄積の上に、新しく計画される研究の進展が可能であるということです。

その他、科学的理由ではありませんが、日本社会がこぞって地震研究に理解があり、大きな期待の寄せられていることも重要です。

以上のことを背景として、南海トラフの中で、どこを掘削すべきかの検討が進められました。地震発生帯まで到達できる深い掘削孔は時間・技術・予算などの制約上ひとつだけしか掘ることができませんが、それを補完するためのより浅い掘削孔をどこに何カ所掘るか、掘削した孔内の観測とそれらをネットワークで結ぶ観測網の整備をどうするか、なども計画しなければなりません。

掘削の場所は、紀伊半島沖が選ばれました。そこは、これまでの南海・東南海地震において破壊開始点と考えられている場所であり、かつ地震発生帯の断層が「ちきゅう」で掘削可能な深度にあるからです。

東京で開かれた国際集会から一〇年の歳月を経て、二〇〇七年秋、いよいよ「ちきゅう」による南海トラフの掘削が開始されました。

手当されない研究費

南海トラフの掘削は、日本がはじめてリードする大プロジェクトです。日本の地球科学に関連するほとんどの大学などが参加して、新しい国際統合深海掘削計画を推進するための組織「日本掘削科学コンソーシアム」も作りました。これで研究への参加を広くオープンに募集する体制も整いました。

しかし、この研究を推進する上でネックともいうべき大きな問題が残されたままとなっていました。それは、あちこちでいつも問題となる「箱もの行政」という側面に、このプロジェクトでもぶつかったのです。

「箱もの行政」とは、研究機関でいうと、さまざまな予算措置において「箱もの」といわれる設備の建設費などには多大な経費がつくけれども、その維持管理費や、実際に研究を推進するための経費は手当てされないことを言います。ですから「箱もの行政」は、研究の実行に多大な困難が発生する場合が多く、研究者の間では長年にわたり改善の要望があがっている問題です。本研究でも「ちきゅう」という立派な「箱もの」は完成しましたが、それ以後について問題が生じました。

この統合国際深海掘削計画では、世界中の科学者が、海洋ならばどの場所でも、掘削研究計画を提案することができます。もちろん技術的に可能でなければなりません。また、科学的にはきわめて重要で技術的にも決して不可能ではない場合もありますが、政治的に不安定な場所であったり、領土問題係争中だったりすると見送られることはあります。

提案された掘削研究計画は、この計画に参加する国の科学者から構成される評価委員会の審査を受けます。そして科学的にきわめて意義深いと認定されると、最終的には順位づけがされ、具体的実行計画作成となるのです。南海地震発生帯掘削計画はそのような過程を経て実行へいたることとなったわけです。

さて、先にアメリカの研究プロジェクトの進め方について記しました。統合国際深海掘削計画は、NSFジオサイエンス分野の海洋科学部門で正式な科学計画と認められたものです。

統合国際深海掘削計画では、航海が決まると、まず首席研究者が決められます。計画の提案者であると同時に、この統合国際深海掘削計画に主な経費を出している日米欧などのバランスが考慮されます。そして首席研究者が決まった後に、乗船研究者の募集が行われます。この乗船研究者も日米欧他、参加国との間の経費負担に基づくバランスをとることが、参加国間の協定で決まっています。乗船研究者には、構造地質、堆積、物性、地球化学、古地磁気測定、微化石、岩石などの専門分野が求められますから、それらに支障なく、かつ参加国のバランスをとらなければなりません。

さらにそれぞれの国などの内部事情によって、それぞれに独自の事情も発生します。たとえばアメリカでは、ジェンダーのバランスをとること、大学院生が一定の数参加することなども条件に加わります。

アメリカの研究者は大変熱心に応募します。もちろん提案されている掘削計画が大変重要だという認識に基づいているわけですが、加えて日本と大きく異なることは、掘削航海の首席研究者や乗船研究者に採用されれば、その間の給与、そして乗船後の研究経費の補助が保障されることです。

これに対して日本の体制は異なります。日本からの研究者の乗船枠も参加国間の協定によって決まっています。日本の建造した「ちきゅう」であっても同じです。二〇〇三年以降の国際統合深海掘削計画では、全体の三分の一の研究者が日本からの参加者です。それ以前は、日本からは年間数名程度でしたから、多くの研究者が参加できるようになりました。しかし、残念ながら日本では、乗船の経費と事後の研究報告会のための旅費だけは支給されますが、それ以外の研究費が支給されませんでした。さきほど述べた「箱もの行政」の側面です。

これは大問題でした。なぜなら、たとえば大学の研究者にとって、大学の運営交付金の大幅な減額、科学研究費の低さなどから、掘削計画で乗船することができても、そこで得られた試料やデータを研究するための経費が一切ないのです。

しかし、一方で乗船した以上は研究の成果をきちんと出すことを求められます。アメリカの単純明快で厚い研究支援体制に対して、まさに日本は「竹槍」で立ち向かえと言われているようなものです。世界に誇れる「ちきゅう」ができても、それを支える研究支援体制はきわめて脆弱であるのです。

最近はアメリカと比べた日本の現状に対する研究者の強い懸念を反映し、会費を持ち寄って組織している日本掘削科学コンソーシアムにおいて、乗船研究者への事後研究援助に関しては、若干の改善を見たようです。しかし残念ながら、今でもアメリカ財政当局の政策としての研究援助体制に比べるべくもありません。このままではコミュニティーを広く巻き込んだ掘削計画の提案から参加実施を含めて、今後の発展に不安が残る状態となっているように私には思えます。

新学術領域「KANAME（要）」

以上のような状況から、二〇〇七年から開始されることになった南海トラフ地震発生帯掘削に向けて、大型の科学研究費を獲得し、それによって日本の乗船研究者とそれに関連する研究の実施体制をとろうということになりました。

アメリカでは自らも参加した国際研究計画の審査システムの結果を尊重して、研究者支援が決まるのに対して、日本ではその審査結果を反映する仕組みがまったくないのです。まったく別の研究費へ応募しなければなりません。いわば二重審査を強いられるわけです。

二〇〇六年より科学研究費への申請をはじめましたが、科学研究費審査には誤解が満ちあふれていました。「ちきゅう」の建造はマスコミでも大々的に取り上げられ、その最初の掘削が南海トラフの地震発生帯を目標とすることもよく知られていましたが、そのことが逆に、研究経費はすでに手当されていると誤解されたのです。「箱ものは内実を伴わない」ことは理解されにくいのです。

また、文部科学省の中の縦割り行政の弊害もありました。地震が関係する研究は、国の地震防災・地震調査関係費や「地震予知計画」によって十分に手当てされているとして、なぜさらに研究費が必要なのか疑問視する声が大きかったのです。しかし、掘削による基礎的な研究はそのどこにも位置づけられてはおらず、真剣な議論すらなかったことは理解されませんでした。

そうして、二〇〇七年度から科学研究費申請制度が大幅に変わったことに伴って、書類不備の凡ミスまで重なってしまいました。掘削が開始されるのにそれを支える研究費がないという状態が懸念されたままでした。

しかし、二〇〇九年、最初の申請から四年目にしてようやく、私たちは文部科学省の科学研究費、新学術領域（領域提案型）の補助を受けることができました。「超深度海溝掘削が拓く海溝型巨大地震の新しい描像」と題する研究プロジェクトを実施することとなったのです[1]（図5-1）。

私たちは、このプロジェクトを通称「KANAME」と呼ぶことにしました。科学研究費のKA、南海トラフのNA、メガスラスト（巨大逆断層）のMEを合わせ、昔からの言い伝えである、地震を起こす大ナマズを押さえ込む「要石」をかけたものです。海溝型地震の新しい基礎研究の今後の

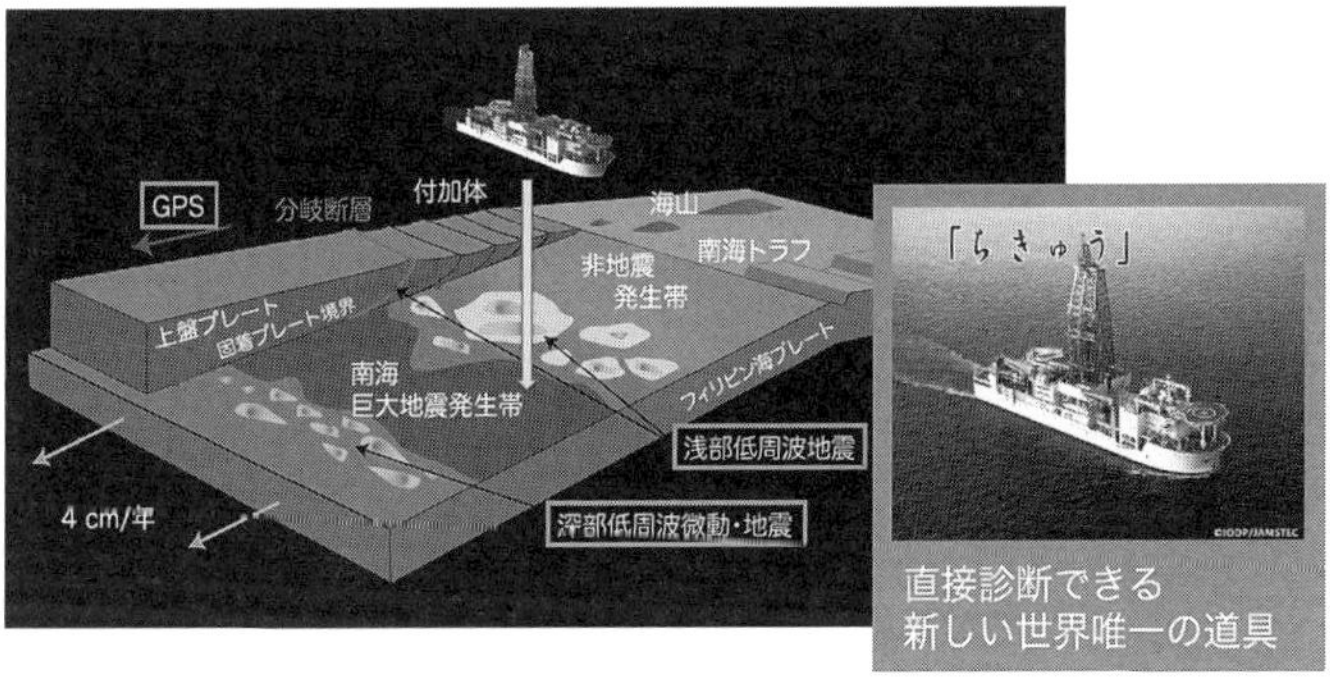

図 5-1　「ちきゅう」による地震発生帯直接観察・観測への挑戦

「要」になる、という私たちの思いも重ね合わせた略称です。プロジェクトのロゴも決めました。沈み込み帯の断面に「ちきゅう」のシルエットを重ねたものです。

三つの柱プロジェクト

本プロジェクトは、三つの研究の柱から構成されます。

ひとつの柱は、現在の南海トラフの詳細な構造を把握し、同時に海底に残された地形や地層の記録から、過去の巨大地震の記録を復元しようというプロジェクトです。構造の把握には、三次元地震反射探査によって得られた詳細なデータを用い、活動の復元には、浅いところで得られた掘削のデータも用います。海底への潜航も繰り返し実施した結果、活動的な断層の実態が明確になってきています。

第二の柱は、掘削によって得られる断層のコア試料の分析と、実験によって地震発生を復元し、その断層の特徴を明らかにしようというプロジェクトです。

これまで南海トラフにおいて深部のプレート境界から枝分かれ

し、海底下三〇〇メートル程度の深さに位置している分岐断層先端部と、海溝である南海トラフに近いプレート境界断層そのものの二カ所から断層試料が得られています。それらの分析と実験結果は、地表に近い浅い断層であっても高速ですべったことを明確に示しています。南海トラフにおいて海溝近傍までプレート境界や分岐断層が高速ですべり、津波を引き起こしたことのあることが明らかになったのです。

二〇一一年三月一一日の東北地方太平洋沖地震に伴う大津波の発生は、プレート境界断層が海溝まですべり抜けてしまい、そのために海底に生じた大きな変動によることが明らかとなっています。この日本海溝での地震津波発生と南海トラフにおける掘削された断層の分析結果を受けて、南海トラフでの津波地震の最大リスクが見直されました。今後、より深部の地震発生断層の掘削によって得られる断層試料を分析・実験し、地震発生に伴うすべりの断層メカニズムを解明する予定です。

また、現在は陸上に露出している過去のプレート境界岩の分析は、現在、地下深部にあって直接手にすることのできない地震発生帯深部を含むプレート境界に関して、大変重要な情報をもたらしてくれます。それらの研究も合わせて実施しています。

第三の柱は、掘削孔での観測と、海底に配備される地震計や圧力計などの観測網との統合です。また、シミュレーションによるモデル化によって、ゆっくりすべりから巨大地震、長期的な変動にいたる統合モデルを構築し、ＫＡＮＡＭＥプロジェクトの目標である「海溝型巨大地震の新しい描像」を得ようというものです。

とくに南海トラフ掘削が開始された時点では明らかでなかった、海溝に近いプレート境界でのゆっくりすべりや、海溝までプレート境界が高速ですべり抜ける「津波発生すべり」の理解は、大変重要な課題として浮上しています。

本プロジェクトでは、当初日本海溝は研究対象としていませんでしたが、プロジェクト進行中に東日本大震災が発生し、科学的にも多くの未解明の問題が突きつけられました。私たちは直ちにそれらにも取り組むことにしました。

このKANAMEプロジェクトの科学の方法は完全に融合的です。地震学だけではなく古典的地質学の手法もきわめて重要であり、活動履歴の詳細な復元には欠かすことができません。それと同時に物理学的観測手法も駆使して、静的・動的プレート境界の描像を得るプロジェクトを組み込んでいます。また、断層の分析や、海底観測においては、化学的観測を欠かすことはできません。それは断層で進行する水と岩石の相互作用が、地震の準備・発生・すべり過程だけではなく、断層の固着回復にいたるすべての過程において鍵となる現象と理解されるからです。加えて、それらの岩石・水相互作用も組み込んだシミュレーションが実施されれば、よりリアルワールドへ近づくでしょう。

このプロジェクトは、現在の南海トラフに焦点をあてて研究を進めていますが、それは同時に過去の理解への鍵であるとする地質学の「斉一主義」を貫いたプロジェクトです。日本列島に多様に分布するプレート境界岩の化石が生まれた場所は、深さ数キロから三〇～五〇キロ程度の地震発生帯から、より深部のゆっくりすべり帯、そしてマントルへと沈み込むスラブの境界にまで及びます。すなわち、沈み込みと地下深部からの上昇の歴史が、日本列島の地質学的歴史だとも言えます。現在のプレート境界の理解なくして日本列島の過去の理解はあり得ないのです。現在と過去を完全に連結して、日本列島全史を理解する、それが現代斉一主義の立場であり、現代地質学の重要な視点であると思います。

地質学の行方

現代地質学はもっと斉一主義的研究を、すなわちもっと現在進行形の問題に関する研究と、物理化学的過程の研究が必要である、ということを強調してきました。私たちはそのためのひとつの方法として、掘削による沈み込み帯の直接観察・観測に取り組んでいるわけです。

第一章に地質学的作用というのは、伝統的に火成作用、堆積作用、変形・変成作用に分けられると記しました。これらの作用は現在も進行中の作用です。時々刻々これらの作用を連続観測する、あるいは実験的研究を進めることは、物理化学的素過程の理解のために引き続き重要です。とりわけ不連続的な変化あるいは非線形的変化を記述することがポイントになるでしょう。

地質諸作用は複雑系の現象ですから、多くのさまざまな要因が複合して起こります。しかし要素還元による決定論的因果関係の単なる重ね合わせでは不十分です。要素が非線形的に絡み合うので、個々の原因のわずかな違いも結果に重大な違いをもたらします。

複雑系の自然現象が要素に還元された因果律の重ね合わせによって記述できない現状にあっては、現象の時々刻々の変化の記載を一からやらなければならないということを意味しています。

たとえば今世紀に入って、現在の沈み込むプレート境界に沿ったゆっくりすべりの現象と低周波地震が発見されました。世界中の海溝域から瞬く間に同様の現象の発見が相次ぎました。次のステップとして、それらに共通する現象を引き出し記載する研究が今も活発に行われています。そしてこのゆっくりすべりと巨大地震との関係を理解することが、研究の大きな目的となっています。これらのプレート境界では、間違いなく岩石の変形・破壊・変成作用が進行しているわけですから、たとえばそこでの岩石と水がそれらのゆっくりすべりと巨大地震発生にどのように関係するかは大変重要な鍵となる研究といえましょう。

地震学的な連続観測と岩石の変形・流動・破壊実験、そして実際に観察される変形した岩石や断層岩の観察・分析を総合して研究を進めることがますます重要になっています。

地震や風水害などの自然災害は、時々刻々進行する地質学的諸作用ですが、それらの連続観測は地質学の発展にとって鍵となります。地球温暖化などの地球環境の研究についても同じことが言えます。しかし環境変化の観測をこれから将来千年万年継続しないと、時間や空間スケールを超えた環境がどうなるのかわからないということでは、現代の科学は真理の解明に貢献しないことになります。そこでそれらが長い時間を経過したときにどうなるかということを考える上で、地質学的に地層や岩石に記録された現象を分析し、斉一主義的観測に結合することの意義が浮上します。

環境変化とは、地球の中のサブシステム、すなわち人間圏、生命圏、大気海洋水圏、固体地球内部圏などにおける物質とエネルギーの流れと分配の問題に帰着するわけです。それらの連続観測とさまざまな時空間スケールでの把握が大きなテーマとなっています。億年スケールにおよぶ過去にさかのぼっての地質学的手法による環境の復元が、きわめて重要なゆえんです。

日本地質学会の部会には、岩石部会、構造地質部会などという伝統的な専門分野に対応した部会の他に「現行地質過程研究部会」という部会があります。この部会はなかなかユニークで、斉一主義的観点から見ると大変重要であると思います。個々の地質諸作用の現行過程を超えて、それらが複合して進行する地球環境の変化や、突発的に起こる大規模自然災害現象の科学的解明などをテーマにして、もっと発展させるべき分野であると思います。

「巨大地質学」と「等身大の地質学」

巨大科学とは、真理の解明のために要する観測や実験に数十億円以上のお金を要するようになってきている科学を言います。超大型加速器、宇宙や地球観測のための衛星、など最先端の科学を進めるためには巨額な資金が必要になっているのです。地質学における斉一主義に基づく現行過程の研究も、巨大科学の様相を呈しています。先に記した海洋掘削はその典型例のひとつです。また加速器なしに物質の構造を解き明かせないことや、スーパーコンピュータがシミュレーションに欠かせないこともその例です。

巨額を投じなければできないこと自体が科学そのものの発展を妨げるようになってきていて、科学の限界とも言える様相になってきているとの指摘があります（たとえば池内了『科学の限界』[2]）。

科学的に要素に還元して原因を徹底的に明らかにするために、あるいは仮説を実験や観測によって検証しようとすると莫大な費用を必要とするようになってきています。その経費を捻出することがますます困難になっているのです。

一方で、そのような巨大化する要素還元的科学ではなく、複雑系の科学に注目すれば、科学がなすべきことは膨大にあるという重要な指摘もあります(池内、同書)。複雑系の科学が注目されてまだ三〇年ほどしか経っておらず、「この科学は未だ萌芽的段階であり、森羅万象の中から膨大な複雑系の非線形現象を記述している段階」であり、それを池内氏は「等身大の科学」と呼んでいます。そのようなことに着目すればやるべきことは大量にある、博物学的研究復権の時代だと言うのです。

海洋や地球観測、惑星探査などは、巨大科学としての地質学の「峰」を形成しています。一方、複雑系としての地質諸作用、それらが複合的に相互作用する地球環境や自然災害、それらに注目した地質学を、池内氏に倣って「等身大の地質学」と呼んでみましょう。この「等身大の地質学」は広い「裾野」を形成することができます。そしてその裾野の研究の蓄積による一般化が複雑系の科学そのものへのフィードバックをかけることになります。

政治や経済に大きく左右されるが重要な「巨大地質学」と、政治や経済に大きく振り回されることの少ない「等身大の地質学」、その車の両輪が地質学の発展を切り開くのではないでしょうか。

そのような科学は古典的な意味での地質学ではなく、文字通りGeoのlogyになっているはずです。

二〇一一年東北地方太平洋沖地震

二〇一一年三月一一日、午後二時四六分。多くの人と同様、私もこの地震を体感しました。六〇年の人生で三度目の大地震でした。最初の地震は一九六八年十勝沖地震。北海道で高校三年生の午前の授業中のことでした。崩れる校舎の壁を乗り越えて逃げました。二度目の大地震は、一九九五年、兵庫県南部地震。大阪堺での経験でした。夜明け前の突然の大揺れに飛び起き、大慌てで子供の安否を確認し、以降テレビに釘付けとなりました。夜明けとともに徐々に明らかになる神戸の惨状。神戸とわずかにしか離れていない大阪梅田の変わらぬ賑わいと、東京からのニュースが「この地震がもし東京で起こったら」と妙に他人事のように報じているときに感じた違和感を記憶しています。

そして、今回の大地震と津波です。日本でおそらく誰一人として経験したことのない規模のものであり、このときを境に、日本の歴史は間違いなく変わったと思います。

研究室からいったん寒い屋外へ避難していると、学生たちの携帯電話は、震源は宮城沖であること、津波警報が出されていることを次々と伝えています。避難解除となり研究室へ戻ると、テレビでは襲ってくる津波を空から実況中継しているではありませんか。

このような津波もその実況中継も、何もかも全部、かつて経験したことがありません。もちろん世界でも初めてだったでしょう。私は、南海トラフ研究の説明の際に、二〇万人以上の命を奪ったスマトラ地震の津波の写真を繰り返し使っていましたから、この実況中継の映像が意味することに背筋が凍りつく思いがしました。

深夜に辿り着いた自宅周辺は液状化で水びたしです。以降、一カ月以上、水道などライフラインも通じません。
被災地からの悲惨な被害、福島第一原発の爆発、次々発生する事態が時々刻々と報道されてきます。同時に、地震に関する科学的情報も入ってきます。私の専門は地震学ではありませんが、大変近い分野です。今後、地震学を中心とした私たち科学者コミュニティーはいったいどのように対応していけばよいのでしょうか。

科学的「想定外」と技術的「想定外」

東日本大震災は、甚大な生命と財産を失う未曽有の災害となりました。そこからの回復のために、日本社会は長い時間にわたる努力が必要なことは明らかです。その中で、地震・津波の研究を長年続け、行政的には「地震予知計画」や「防災計画」を包含するこの科学者コミュニティーが、今回の事態をどう受け止め、今後に生かすかが問われ続けています。また復興への道筋の中に、迫りくる次なる大災害に備えて、どのような方向性を提示するのかも問われています。

地震直後に関係者から「想定外」との言葉が飛び出し、多くの人を驚かせました。これは二つの「想定外」がありました。ひとつは、宮城沖でのこの規模の地震と津波発生が、国の地震発生確率予測の想定の中になかったということです。もうひとつは、福島第一原発の津波被害によって、炉心熔融から爆発、放射能拡散にいたるまでの大事故が想定されていなかったことです。

地震と津波に関しては、実は想定されていなかったのではなく、平安時代に大きな津波があったことが明らかとなり、それを基にした被害予測の見直し作業の最中に今回の地震が起こってしまったことが後に明らかとなりました。

自然界における複雑系の現象は、「想定外」が当たり前です。台風も竜巻も集中豪雨も皆、複雑系の現象です。これまで何度も記したように地震もそうです。現代科学といえども、いつ、どこで、どの程度の規模など、一定の時間の前に予測することは不可能だからです。

自然現象の人間社会に与える最大リスクを予想して、そのための準備をしておくことは重要です。その最大リスクの大きさについて、現代科学は、経験の整理による統計学的手法も使いながら予想できるからです。科学の力と限界を良く知っておくことが重要となります。

技術における「想定」とはどのようなことをいうのでしょうか?技術とは、解明された自然現象の因果関係（それを法則という）のみを使って人間社会に有益なものを作成する技のことです。知っている法則のみを使っているわけですから、理想的には完全予測を求めるものです。技術における「想定外」の意味は、自然現象における「想定外」とはその意味で大きく違います。しかし、今回の福島原発事故は、技術においても完全予測による「安全神話」があり得ないことを示しました。

「天下国家百年の計」から「千年・万年の計」へ

地震発生とプレート境界における破壊すべり伝搬、それに伴う津波発生は、これまで何度も記してきた複雑系の過程です。ですから、一九七〇年代初頭にプレートテクトニクス理論が確立し、地震予知計画が本格化した時代と今では、地震のとらえ方がまるで違います。その当時、科学は、まだ要素還元と総合を組み合わせた決定論的方法によって原因と結果が対応し、それによって予測が可能であるとする見方が主流の時代でした。ですから、地震発生につながる確実な前兆現象をつかめれば、地震は「予知できる」との期待が広がったのです。

しかし、同じ現象でも、どれが巨大地震までつながるようなものであり、どれがそこまでいたらずに途中で終わってしまうのかを知ることはほとんど不可能です。地震の後になって、実は前兆であったと知ることになるのです。今回の地震でも三月一一日の二日前の地震が前震であり、その後、破壊とすべりが伝搬して本震にいたったことが知られています。また、海底の地殻変動にも、同様のゆっくりとした動きがあったことが明確に示されています。しかし、それらが起こっているときに、それがやがて未曽有の大地震と津波につながると読み取ることができるでしょうか。そこまでにいたらず終息してしまう地震とどう区別できるのでしょうか。

過去の事象はすでに起こって固定されてしまった事実ですから、その原因と結果について研究をし、答えを得ることができるかもしれません。しかし、複雑系現象の場合、決定論的ではなく、同じ現象が観測されても、それがそのまま同じ結果になるとは限らないのです。それが、地震予知絶対不可能論者の論理です。

その通りではありますが、一方、複雑系の現象は、すべてが完全にランダムだというわけではありません。決定論的カオス理論は、ある範囲内で似たような結論にいたる現象を数多く報告しています。過去の地震を見ると、似たような再来時間で、ほぼ同じ場所で繰り返し地震や津波を発生して来たわけですから、そこに原因を探ることは決して無駄ではありません。複雑系だから地震予知は不可能、そのような研究は無駄である、と言い切ってしまうと、不可知論に陥り、一切科学としての進歩はなくなります。決定論的論理としての地震予知研究はありえませんが、複雑系科学として真正面から地震をとらえ、その未来予測確率を向上させるための研究は重要であると思います。

原子力発電所のリスクは、あまりにも大きすぎることが、今回白日の下にさらけ出されました。当面のリスクを最小にしながら、原子力発電からの脱却を計る。それしか道はないように思えます。

なお、原子力発電所をなくしたとしても、そこから出続ける「高レベル放射性廃棄物」処分には数万年という気の遠くなるような時間スケールが必要です。ホモサピエンス誕生以来二〇万年、日本人の起源たる縄文人渡来から五万年、弥生人渡来から二五〇〇年などという時間スケールを超えた問題です。これまでの人間世界の全歴史、日本の全歴史の時間を超えている未来予測であり、放射性物質廃棄物問題とは、そのようなモンスターであることを強く認識すべきであると思います。

これまでの未来設計は、「天下国家百年の計」であったわけですが、今回の地震の最大の教訓は、それを「天下国家千年・万年の計」に変更しなければならないことを教えてくれたのです。

(1) このプロジェクトの構成などについては、KANAME のホームページ http://www-solid.eps.s.u-tokyo.ac.jp/

nantro~/に詳しく記してありますのでご覧ください。

（2）池内　了『科学の限界』ちくま新書、二〇一二年。

付録　これから論文を書こうとする若い読者のために

（1）論文はラブレター

本書の最後に、これから地質学なり、地球科学なりの研究をしようとする人たちに、少しでも参考になればと思うことを記しておきたいと思います。二〇〇七年に学生向けにブログに記したものが元になっています。

研究の成果をまとめて論文にしなければならない人が多いですね。世の中には「論文の書き方」のようなhow toものが多いので、それらも大いに参考になるはずですが、ここで改めて論文について記そうと思います。

さて、論文を書くにあたって、最初になすべきことは、皆さんの心の中にある義務感の払拭です。締め切りが近づいてきて、書か「ねばならない」と追いつめられた気持ちになっていませんか。自分に問うてください。

これが良い論文を書けるかどうかの最初の関門です。「ねばならない」は守りの姿勢です。それを払拭し、「書きたい！」という気持ちに自分を盛り上げることからはじめましょう。私は良く、論文とはラブレターと同じである、と言うことにしています。義務感で書いたラブレターでは相手に心が伝わるでしょうか？伝わりませんね。論文もそれと同じです。しかし、自然科学における論文とラブレターの違うところは、論文では「心」や「感情」を表す言葉は禁句です。文学ではないのですから。

（2）一番書きたいことは何だ？

さて、論文を書こうという気分が盛り上がってきたでしょうか。まだ、悶々としているなら、気分転換に外へでも出てみましょう。空を見上げ雲の流れゆくさまを追っていけば、きっとゆったりとした気分になり、がつがつした心が洗われます。すると、「お？このことも書きたいぞ、あれも書きたいぞ！」となってくるはずです。

しかし、そこで、「ちょっと待った！」。書きたいという自分の思いからちょっと引いて、今度は読む人間のことを考えてみましょう。

論文には full paper といって仕上がり二〇ページを超えるような大作から、四ページものの note、そして一〜二ページ程度の extended abstract などがあります。書きたい論文はどのスケールのものでしょうか。

科学の分野によっては、ほとんどの論文が一〜二ページものであるところがあります。ある分野では、教授の論文数は三〇〇個を超えているが、そのほとんどは一〜二ページという特徴があったりします。一方で、著者の数だけでページ半分を占めるなどという大型プロジェクトが中心の分野もあります。分野によって特徴が異なるのです。地質学でも最近は note や大型プロジェクトによる複数著者の論文が増えてきました。

地質学分野は個人あたりの論文が多い分野ではありません。それでも最近は、論文を書いて業績を上げることが求められますから、かつてのようにじっくりと考えて時間をかけてまとめることが少なくなってきています。研究の最初から論文を書くことを念頭においておくことになります。

それでも、数字的な業績にとらわれて、研究成果の中身についてきちんと評価しない、できない風潮がはびこるのは、科学にとって健全ではありません。いうまでもなく、科学の成果とは論文の数ではなく、中身なのですから。数にとらわれると、「ねばならない」という義務感が先行してしまい、最悪の場合、科学における「不正」の温床になるからです。

さて、長さを含めて書きたい論文の種類が決まったら、読み手を考えて最も言いたいことをひとつに絞ることが大事です。「あれもこれも」は駄目です。それは論文を分けて書けばいいのです。書きたい気分を時には抑えることが必要というのはそういう意味です。

ラブレターでも、「あなたのすべてがすばらしい。眼も鼻も口もスタイルも…」などと書くより、「世界の六〇億の人の中であなたにしかないその個性に俺は惚れてしまった!」という方が絶対効果があるはず、とは思いませんか。

(ただし、修士論文や博士論文などの論文は違います。地球科学では一〇〇ページにも及ぶ修士論文や博士論文も多いですが、それらは、full paper で三本や四本に匹敵し、章立てにして構成する場合がほとんどです。)

(3) タイトル

書きたいことがひとつ定まったら、タイトルを考えましょう。読者になったつもりで考えます。

たとえば、論文を探すとき、どのように探しますか。キーワード、著者名などで検索することが多いですね。論文は、毎日膨大な数が出されています。人類のこれまでの論文を考えるとほとんど無限の数といえますが、今ではネット上で Google Scholar などの検索機能を使うと、一瞬にして見つけることができます。そのような検索エンジンにきちんと引っかかるようなキーワードを入れたタイトルにしておかなければなりません。

また、タイトルに、「〇〇に関する研究」(英語で記すと Research on――)などの言葉は不要です。研究した結果が論文なのですから、このタイトルの「研究」は反復なのです。同じく新しい発見が論文なのですから「○○の発見」(Discovery of――)もいりません。一方、地球科学の観測に関わる研究では、先に記したように「○○地域」が関係します。

昔、一二〇年の歴史を誇る日本の「地質学雑誌」の論文タイトルについてざっと調べたことがあります。九〇%以上が「○○地域の……」、「○○の発見」、「○○の研究」などのタイトルになっていました。それに対して一流と言われる国際雑誌中の論文タイトルには、それらの言葉を省いた、一般的な事項でかつ中身をストレートに反映した言葉が並んでいます。

論文は、読んで欲しいわけですから、一般性を持つキーワードをタイトルに表し、地域名などは必要であればサブタイトルにすべきであると思います。時には必要すらないものです。

以上のようなことを考えながら、検索で引用されるための必要なキーワードを入れたタイトルをつけます。キャッチーなタイトルであるかどうかが、読まれるかどうかの分かれ目なのですから、真剣に考えるべきことです。このタイトルは、論文の原稿が仕上がった段階で、もう一度考え直すことも大事です。「名は体を表す」のですから。

(4) 起承転結

論文のタイトルがとりあえず落ち着いたら、次に考えることは中身の構成です。

全体の構成を考えるとき、構想力がものをいいます。論文は長くても短くても、基本は「起・承・転・結」の四部構成です。変種で五・七・五の俳句のような構成リズムの三部構成というのもありますが、そういう構成は review 論文のようなものに適するので初心者には向かないでしょう。ということで四部構成を見てみましょう。

起は、はじめに（introduction）
承は、概説と方法（setting or method）
転は、記載やデータ（description or result）
結は、討論・考察、要約（discussion, summary or conclusion）
です。

この中でどこが最も難しいと思いますか。討論・考察と思う人が多いかもしれません。でも、そうではないのです。実際は introduction です。

この「はじめに」は、これまでの研究を簡潔にレビューし、この論文の目的を述べるところです。イントロが書けたら論文は九〇％以上できたと思ってよいのです。なぜなら、そこで論文の焦点が整理されるからです。

それまで手足を動かして一生懸命データを集めた人は、方法やデータ記載はもうできているはずですね。そうすると、この「起・承・転」を合わせると、四分の三＝七五％ですが、イントロが本当に書けたときには、実は頭の中では議論や考察はすでに構想されている、という関係になっているはずなので、もう九〇％以上完成しているというわけです。

したがって良い論文を書けるかどうかの第三の関門、というより最大のハイライトは、「イントロをどうやって書くか」です。

そのときのポイントのひとつは、もちろん「先行研究をどう評価し、自分の研究の意義をどう言い切れるか」ということです。別な言い方をすると、多くの人の関心と自分の研究の目的における独創との関係をどう描くか、ということです。さて、それをどうやってやるか、考えてみましょう。

（5）研究のレビューと論文のイントロ

もう一度、読者の立場にたって考えてみましょう。関連する研究の最新情報はどこでどうやって仕入れるか？

指導教員が優れていれば、そこから伝わってくる情報は天下一品です。もちろん優れた先輩が発表するセミナーなどの情報も重要です。そんな環境にいれば、情報は自動的に流れてきますから未発表の最新科学情報を得る上で安心かもしれません。しかし、それでは、あくまでも受動的であり、いつまでたっても研究者として自立できないことになります。情報収集能力と、自分の独創的研究につながる判断力を身につけることはどうしても必要です。

私が院生だった頃には、もちろん今のようなネット社会ではありませんでした。そこで、毎週、図書館へ通いました。最新雑誌にざっと眼を通すのです。その際にまずタイトルを見ます。新聞を見る際に見出しを追いかけるのと一緒です。表紙もしくは裏表紙に載っているタイトルをながめます。

「おやっ」と思うものに眼が留まります（ですから（3）でタイトルを強調したのです）。次に雑誌を開いて、著者を見る。

「お、この人はあのスクールだぞ！これは誰だ？知らないやつだな」

そして、abstractをざっと見る。「うん、おもしろそう」とか「いまの私の興味からするとなんだかピンぼけだな」と、次々と仕分けし、気になる論文に紙をはさんでおきます。

そして、その後にバラバラと全体を眺めて、図を見ます。

「お！この図はおもしろそうだ」

となれば初めて、コピーを取ることとなります。当時はコピーが高かったのです。

そして自分の研究に関連するところをさらに突っ込んで読んで研究の全容をつかみます。このようにして情報収集をしたものでした。

以上のように新しく発行される論文を相当に注意して追いかけていても、そのような論文の情報は、今のサイエンスの現状からは一年程度遅れていることに気がつきます。当たり前のことですが、投稿日や受理日を見ると、一年以上前はざらなのですから。

そうなると、学会発表・情報交流の場が情報収集にとって重要である、と実感できるようになります。日本の学会、外国の学会、シンポジウムなど数多くありますが、そこに研究の現在進行形の最も熱い状況があるのです。

というわけで、自分の論文のテーマをめぐる現状は正確に把握しなければなりません。それがないとイントロはうまく書けないわけです。テーマを磨き上げることが最も大事な部分です。そのために、著者は情報収集に努めることが大事なのです。

論文審査に関する査読の項目は今では公表され、著者向けのガイドラインとして示されているものが多いので、それを必ず読んでおくと大変参考になります。査読項目には、「これまでの関連する研究をきちんと網羅把握しているか？」というところがあり、それができなければ論文は受理してもらえないのです。

さて、もう少し突っ込んで、研究の歴史の羅列とレビューの決定的違いは何か、についても記してみましょう。

（6）変革者としてのレビュー

ずばり、評論家的レビューではテーマは出てきません。それは研究史の羅列にすぎません。「変革者としてレビュー」ができるかどうかがポイントです。

「これまでの他の多くの研究でこういうことがわかった、ああいうこともわかった。しかし、このことがわからないことが問題になっている。だからそれに取り組んで、答えを得た」と書いたとしましょう。レビューにはなっているでしょうが、きっとこの論文のように、同じテーマに取り組んでいる研究者は非常に多いはずです。なぜなら、解かれていない問題は皆が知っているからです。

そのようなテーマはきっと解くための方法や論理に問題があったので、これまで解かれていなかったということです。しかも注目されているテーマであればあるほど、多くの競争者がいるはずです。

このような場合には、なぜ解けなかったのかということに焦点をあてた独創的レビューが必要で、論文の焦点は答えだけではなく、方法に関するレビューにもあてなければなりません。かつ、答えを得たら、投稿には一刻の猶予も許されません。他で先に出されたら知的先取権はなくなり、幸運にも発行されても二番煎じとなってしまうからです。こういうケースを既問未答問題と呼んでいます。

それに対して独創的なレビューの醍醐味のひとつは、まだ誰も問いかけていなかった、しかし自然を理解するために本質的なとてつもなく重要な「問い」に気がつくことがあることです。

このような問いは、実は革命を起こす可能性があります。本質的問いかけであればあるほど、常識を覆す可能性があるからです。すなわち質の高いレビューとは実はテーマの発掘作業なのです。さて、あなたが書こうとしているテーマとレビューの関係はどうなっているでしょうか。

ということで、イントロをうまく書けるかどうかが論文が成功するかどうかを決するのです。そして、イントロをうまく書けたら、あとはすらすら、といくはずなのです。どこかで行き詰まっているとしたら、それは十中八九、イントロがうまく書けていないことを疑うとよいでしょう。

(7) 方法と記載

さて、次は方法と記載データについて、まずは、起承転結の承にあたる「方法」についてです。データを取得した、あるいは調査を終えた人にはもう方法は明確なはずです。要点はいかに整理してそれらを示すかです。

方法には二種類あります。すでに確立している方法でそれを用いた対象が新しい場合と、方法自身が新しい場合です。地質学では、物理や化学や生物学などの他のサイエンスで用いられている方法を地球という対象に適用した研究が圧倒的です。

既存の方法の適用であろうと、新しい方法であろうと、科学として重要なのは、そこから引き出された「新しい事実」です。引き出された「事実」が常識を覆すものであればあるほど、その方法の価値は高まり、その種の研究が連鎖反応を引き起こしブームとなります。

地質学の歴史的な例でいえば、二〇世紀の最大のハイライトのひとつに地球の年齢の研究があります。放射性同位体が二〇世紀はじめに発見され、これによる年代決定法を一九世紀までの古典地質学の「切った切られた」関係を使った層序と組み合わせ、瞬く間に地球の歴史の時間が解き明かされました。この方法は、物理学の発見・方法が地球へ適用され、地球の年齢という地球科学の課題が解かれた例です。

そのような研究例は無数にあります。地質学・地球科学が他の科学の動向、方法の適用なくして前へ進めないことのひとつの例です。

しかし、もちろん、科学はそのような一方通行だけではありません。何度も言及してきたように、今後ますます重要性を増していく複雑系科学の進展は、まずは地球における多様な複雑現象の解明という具体的なチャレンジから出発し、自然界全体に共通する一般的な複雑系の研究へとフィードバックをかけるという方法論で進んでいくことは間違いありません。

というわけで、方法といっても実は奥が深いわけです、そんなことも少し考えながら、方法の節をきちんと書くことが大事です。それは次の節で示されるデータが、きちんとした新しい観測結果であることを説得できるかどうかの分かれ目でもあるからです。その対象に対して同じ方法で研究をすれば同じ結果になるという再現性を保障できるかどうかも重要なポイントだからです。

（8）図面

ここで論文につきものの、図面について記しておきます。もう一度、読者の立場に立って見ましょう。論文のタイトルを見て、著者を眺めて、abstractを見た後、あなたならどうしますか。すぐに読み始めますか。それとも、abstract の前に、パラパラっとめくって図を見ますか。おそらく、皆さんは図を比較的早い段階で見るでしょうね。

私がまだ学生で、英語もまだスムーズには理解できない修行中のとき、図面がその論文を読むかどうかの決め手のひとつでした。もちろん今でも、図面を眺めながら論文を読みます。というわけで、図面はきわめて大事です。

図面はほとんど最終版のものを、論文を書きはじめる前に用意することを鉄則とすべし、と私は学生に強調しています。なぜなら図面を仕上げる段階で、データなどに対して思いをめぐらせることができるからです。そうすれば、言いたいことにフォーカスをあてた図面が仕上がります。文章は、それを説明するように書いていけば良いのです。図面完成の段階で構想ができていれば、文章は「一気書き」することができるのです。

論文を書きはじめてもまだ原図のままであったり、論文を書きながら図面をつくったりすると、何度も試行錯誤を繰り返すことになり論文は仕上がりません。結局何を書きたいのかまとまりもせず、挫折につながります。

くれぐれもまず図面を完成させ、書きはじめる前に言いたいことをはっきりさせることを徹底しましょう。もちろん、書いている過程でもっとテーマがはっきりしてきたので図を描き直す、ということはありえます。

それからもうひとつ大事なことがあります。図面の中に必ず、「教科書にも引用されてよいくらいのとっておきの一枚」を入れる、ということです。これは私が博士課程のとき、言われた名言です。かわいくて魅力的な一枚の絵、それを必ず入れろということです。

すると、論文へ込めた思いは読者に届くはずです。そして、教科書にも引用される名図面となり、名論文となるなんて夢を見ることができますね。夢でいいのです。夢を大きく見て、楽しみながら論文を書くことが大事です。

地質学では、そのような思いの入った多くの図面が世の中を変えてきたと思います。ぜひ、思いを入れてみましょう。

(9) データ記載

データ記載にあたって注意すべき点は、記載と解釈を混ぜないことです。自然の中から引き出された事実がきちんと整理されていると、データ自ずからがメッセージを発する、それが理想です。データの統計学的処理がきちんとされているか、なども基本中の基本です。

不明瞭な傾向に対して主観が先行してしまうと「そんな馬鹿な」「そのような傾向は見えない」と判断され、reject されてしまいます。解釈などせずとも、読者がデータを見て、間違いない、と思うデータ記載が最高です。

少ないデータで無理をしても、思いは伝わりません。査読者から「もっとデータを増やしなさい」と言われてしまうのが落ちです。人が納得できない段階のデータでは時期尚早であり、いまだ論文に値しないといわざるを得ません。主観と客観の一致、それがサイエンスの基本だからです。「データ闘争」を頑張りましょう。

ただし、西欧の研究者の中には、少ないデータでも深さを追求して、論文に仕上げる、そして徹底して討論し、データの少なさを論理の整合性で乗り切る、というのを得意とする人もいます。

しかし、それは初心者には向きません。あふれるようなデータの山から自然の本質を抽出することが大事かもしれません。ただし、これらはデータを取り扱う観察、観測、実験系の研究の話です。

(10) 討論・考察

いよいよ大詰め、最終節の討論、考察となりました。論文で、著者が何を主張したいのかを言うところです。研究者としての真価が問われる、緊張して取り組むべき部分です。

私は、これまでのほとんどの論文でconclusionとはせずにdiscussionとしています。自分の中での問答を記す、ということです。緊張を要する節なのですが、落語のような一人問答と思うとよいのです。

熊さん「え〜、ところで八つあん、あの〇〇はどうなんだい？なんの意味があんだい？」

八つあん「それはだね〜」

てなことを書き上げるわけです。

まず、イントロの問題提起と完全に連動させ、論点を整理し、構想します。

データ取り扱いと方法に関する問答は、科学そのものではないのでここに混ぜ込まないよう気をつけましょう。それに関しては反論の出ないように、方法のところで十分に展開しておく必要があります。データの信頼性が十分主張できなければなりません。

さて、討論を書くにあたり、まず主要な論点はいくつかを整理します。私は多くても論点は三つまでと決めています。

なぜなら、これもまた読者の立場に立ってみましょう。三つ以上は多すぎる、と思うからです。人間の記憶能力のキャパシティーで、すとんと腑に落ちるのはせいぜい三つまででしょう。また、だらだらと並べるとインパクトが下がります。プライオリティーの低い論点は、重要な三つに比べて、明らかに比重を下げて一括するなどの書き方が必要と思います。

さて、論点とは何でしょうか？それは新しい発見の意義、意味についてです。この新しい発見によってこれまでの常識がどう覆り、自然に対する見方をどう変えなければならないかに関して、インパクトの大きい順番に並べるのです。「新しい発見の意義と波及効果」を大きい順に展開するのです。三つの論点を整理できたら、その論点に、サブタイトルをつけるとより明確になると思います。

論争中のテーマについて、一方の側の主張が正しいということがわかったという場合もあるでしょう。それだけでも新しい発見ですが、討論ではその論争の決着によってどう他へ波及するかが展開されていることが大事です。

この論争点は多くの場合、人の提案した仮説であり、「証明してくれてありがとう」と喜ぶのは仮説の提案者です。仮説の提案者が気づかなかった意義や波及効果を十分に展開できるかが重要でしょう。

そのような論争のどちらの主張も間違っている、あることが欠落しており、新しい研究結果はまったく別の事を示しているなどという議論ももちろんできます。

日本人の論文には、言葉が悪いですが「他人の〝褌〟論文」が多いと言われてきました。独創性に欠けてすでに提案されている仮説などの追認論文が多いという意味です。それに対して、欧米研究者は、同じように追認であっても、この discussion だけで論文の半分を占めるくらいのページを割いて、なんとか独創性を売り込もうと必死になっている論文が多いのです。

たとえば、繰り返し述べたように、地球科学の観測や観察では、特定の地域が研究対象であるということが必ずつきまといます。そんな場合、もちろんその地域を選んだ理由はすでに書いてあるのですが、それが地球一般にいかに敷延できる重要な発見であるのかを縷々展開して、討論するわけです。

さて、そのような意義に関わる討論をしていると、もちろん次なるテーマがたくさん出てくるはずです。いわゆる「今後の課題」です。それらはうまい書き方をしなければなりません。なぜならあまりにも具体的すぎると、それは「テーマばらまき」論文となるからです。先に記したようにテーマの発掘、それ自身が重要な研究の中身です。今後も継続的に研究を進めていこうという根幹に関わる部分は大事に取っておいて、論文ではぼかしておき、他の多くの研究者にも大いに進めて欲しいことははっきりと書くということも必要です。逆に、以後自分の研究テーマを変更して、もう他のテーマにスイッチするというときは、今後を他の研究者に託すために、全部さらけだして書いておくことも重要です。

最後に、論文の中身に関わることではありませんが、形式に関わるところ（文献と本文中の年号の一致など）もきちんと仕上げなければなりません。整理されていない、汚い原稿を読まされ、ここで怒る査読者も多いのです。

さて、皆さん、論文を書けそうな気になってきたでしょうか。書きたくなってきたでしょうか。頑張りましょう。

おわりに

本書の第五章を書いていた二〇一二年五月、日本地球惑星科学連合会長の任を終えたのを機に、少々体調が悪いこともあったので、入院して検査をすることにしました。

しかし、そこで思いもよらぬことに心臓の冠動脈が細くなっていることが発見されてしまい、急遽バイパス手術をすることとなりました。放っておけば間違いなく心筋梗塞の発作を起こし、落命する可能性があるというのです。細くなっている箇所が一カ所程度なら、カテーテルによる動脈拡大手術も可能なのですが、数カ所に及んでいるので、バイパス手術しかないと宣告されました。心臓発作の恐れから動き回ることも禁止され、安静状態を命じられてしまいました。折しも同じ東大病院の心臓外科で天皇陛下が手術を受けた直後でした。

大学病院の患者は、同時に最新医学の研究と治療技術の試験対象でもあります。手術に際しては、患者に対して手術内容とリスクについての説明がされます。

それによると、この大学病院のバイパス手術は、アメリカで一般的な足の静脈をバイパス材料として使うのとは違い、動脈を使うことが特徴であり、オリジナル技術であるというのです。動脈を使った方が手術後バイパスは長持ちすることなど、丁寧に説明を受けます。また、心臓と肺は、昔はいったん停止させ人工心肺を使って手術を実施したが、今回は人工心臓はスタンバイさせるが、心臓を動かしたまま実施すること、これまで感染症などで失敗したリスクは〇・二%であることなど、縷々説明され、質問に応じてくれます。最新医学と技術を誇らしげに語る若い医師は自信に満ちています。そしてその姿は患者を安心させます。

八時間に及ぶ手術は成功し、生還させていただきました。手術はもちろん全身麻酔で行われるので、目が覚めたときはすべてが終わっています。手術後三日間は集中治療室に滞在、その後普通病室へと移動し、回復を目指します。その過程は、激しい痛みと苦しみとの戦いです。

体内に薬品を送るための点滴の管、酸素を送るために気管につながれた管、体内に蓄積する血液など排出するためのドレインなどの管、データ取得のための電極などが身動きの取れないほどつながれています。頻繁にチェックされる血液組成などの化学データ、血圧心拍波形などの物理データなどは、時々刻々ディスプレイ上でモニターされています。医学と医療は、まさに総合科学であり技術であることを、苦痛の中でまざまざと実感することとなりました。

たとえば、手術後の一刻も早い回復のために、深呼吸をすること、体を動かすことが求められます。それには激痛を伴うのにもかかわらず、そのリハビリは手術の翌日からはじまりました。

ベッドから上半身を起こすように看護師に言われ、助けを借りながら起きようとしました。しかし、そのときに経験をしたことのないような激痛が走りました。それでも無理に起こそうとしています。

「吐き気はする?」

と若い医師が聞くので、頭を振ってイエスと答えました。

「血圧は?心拍は?」

看護師が答えています。

「二五〇です!」

「リハビリは中止!〇〇投与!」

どうやら、点滴の管に何やら薬を入れているようです。

息が止まりそうなほどの激痛は消え、呼吸も急速に楽になっていきます。

「今日はやめよう」

と、リハビリの開始は中止延期されました。私は、鎮静剤の効果でしょうか、落ち着きを取り戻すと同時に深い眠りに落ちました。

翌日、目が覚めると同時に、同じリハビリが待っていたのですが、今度はなんとか無事に切り抜けました。そのような現代医学の恩恵を激痛との戦いの中で感じ、考えさせられていたわけです。

堪え難い苦痛から逃げる方法は、他のことを考えることです。私は自分に施されているこのモニターとその結果に基づいて進められるさまざまな現代医学の処置を患者として体験しながら、私の分野である地球科学、地質学について考えていました。

地質学において過去を調べ事件や事象の原因を探ることは、医学ではまさに死体を解剖して、あるいは生体の一部を切り取って詳しく調べ、死因や病気の原因を探ることに相当します。それに対して物理化学的な連続モニターによって処置を決めていく治療は、地質学において、現在進行中の地質現象の連続観測を実施し、それに基づいて近未来予測につながる研究を実施し、対応して予防することに相当します。

短期的な地震予知などの災害予知は不可能ですが、中長期時間スケールでの災害発生確率予測は、防災対策としても必要不可欠です。そのためには精度の良い物理化学的連続観測によって、地球を、そして日本列島をウオッチし続けることが不可欠です。

手術後二週間の時間が経ち、病院内を歩くリハビリが許されるようになり、営業を開始したスカイツリーを病室から眺めながら、つくづく以下のように思いました。

ほんの一五〇年ほど前、この神田川の北側界隈はお江戸の北に位置する医療基地でした。病人、怪我人で溢れていたことでしょう。その昔であれば、私の命などは救う術もなく消えていたでしょう。しかし、科学と技術の発展により救われました。

今の地球科学・地質学の現状では不可能ですが、将来「日本列島変動診断士」のような人が各地に生まれ、日々の観測から土地利用、災害リスクにいたるまで、社会の相談役として大きな役割を果たす。そのような人たちがたくさん生まれる、そんな近い将来を夢見る日々でした。

現代の地球科学、地質学、地震学では東日本大震災のような大規模自然災害に十分に対応できませんでした。しかし、将来に向けて十分に役に立つところまで発展するよう願ってやみません。現代医療によって救われたこの命を、そのようなことに少しでも役に立てられればと思っています。

平成二一年度より実施中の新学術領域「海溝型巨大地震の新しい描像（通称ＫＡＮＡＭＥ）」では、多くの共同研究者、連携研究者、研究協力者の方々に日頃から大変お世話になっています。逐一お名前を挙げませんが厚くお礼申し上げます。

本書を書くにあたり、東京大学出版会の小松美加さんには、いつもながら書きなぐりの私の文章を読みやすいものにしていただくとともに、多くの有益なコメントをいただきました。感謝に堪えません。

また、研究室の亀田純、山口飛鳥、濱田洋平、浜橋真理、清水麻由子、高下裕章、朝長広樹の諸君には多くのコメントをいただきました。秘書の利根川恭子さんには、日頃から膨大な実務の処理でお世話になっています。改めて感謝申し上げます。

地質学に携わってすでに四〇年の時を超えました。大学入学直後の学生として最初の一歩を歩みはじめて以降、地質学の道へ進んだ私のわがままな人生すべてにつきあい続けてくれている妻裕子に改めて感謝し、本書を捧げたいと思います。

二〇一二年八月二九日　本郷の研究室にて

木村　学

著者略歴

木村　学（きむら・がく）

1950 年　北海道夕張市に生まれる

1981 年　北海道大学大学院理学研究科博士課程修了

香川大学教育学部講師・助教授，大阪府立大学総合科学部教授を経て

1997 年　東京大学大学院理学系研究科教授

2006-2008 年　日本地質学会会長

2007-2012 年　日本地球惑星科学連合会長

現　在　東京大学大学院理学系研究科教授，（独）海洋研究開発機構地球内部ダイナミクス領域招聘上席研究員（兼），理学博士

主要著書　『岩波講座地球惑星科学 9 地殻の進化』（分担執筆，岩波書店，2000 年）

『プレート収束帯のテクトニクス学』（東京大学出版会，2002 年）

『付加体と巨大地震発生帯』（共編，東京大学出版会，2009 年）

地質学の自然観

2013 年 1 月 18 日　初　版

［検印廃止］

著　者　木村　学

発行所　一般財団法人　東京大学出版会

代表者　渡辺　浩

113-8654 東京都文京区本郷 7-3-1 東大構内

電話 03-3811-8814　Fax 03-3812-6958

振替 00160-6-59964

印刷所　株式会社三陽社

製本所　矢嶋製本株式会社

ISBN 978-4-13-063711-4　Printed in Japan

泊　次郎　著
プレートテクトニクスの拒絶と受容
戦後日本の地球科学史
A5判　三八〇〇円

木村　学
木下正高　編
付加体と巨大地震発生帯
南海地震の解明に向けて
A5判　四六〇〇円

金田義行
佐藤哲也
巽　好幸　著
鳥海光弘
先端巨大科学で探る地球
四六判　二四〇〇円

日本地震学会
地震予知検討　編
委員会
地震予知の科学
四六判　二〇〇〇円

山中浩明　編著
武村・岩田
香川・佐藤　著
地震の揺れを科学する
みえてきた強震動の姿
四六判　二二〇〇円

ここに表示された価格は本体価格です．ご購入の
際には消費税が加算されますのでご諒承ください．